"十四五"普通高等教育本科部委级规划教材

服装面料创意设计

FUZHUANG MIANLIAO CHUANGYI SHEJI

钟蔚◎著

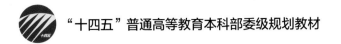

中国纺织出版社有限公司

内 容 提 要

《服装面料创意设计》是服装与服饰设计专业重要的必修专业课之一，着重介绍服装材料的基础性能、面料再造的技法及与服饰风格的一体化应用，提升学生的创意思维能力及设计实践能力。本书充分梳理面料创意设计对于服装与服饰设计具有重要影响的理论的同时，以当下可持续设计趋势和创意服装设计需求为核心，围绕面料创意设计为途径展开设计挖掘和实践，将课程思政元素渗透到教学过程中，培养学生设计担当和设计伦理的自觉性。本书内容涵盖了创意面料设计产生的背景、概念与实践意义、主要技法介绍、寻找设计灵感的途径、国际服装设计大师作品解析、主题作品欣赏等。

本书可作为服装相关专业师生教材使用，也可以供从业者参考。

图书在版编目（CIP）数据

服装面料创意设计 / 钟蔚著 . -- 北京：中国纺织出版社有限公司，2024.1

"十四五"普通高等教育本科部委级规划教材

ISBN 978-7-5229-1073-4

Ⅰ. ①服… Ⅱ. ①钟… Ⅲ. ①服装面料－服装设计－高等学校－教材 Ⅳ. ① TS941.41

中国国家版本馆 CIP 数据核字（2023）第 189421 号

责任编辑：宗 静　　特约编辑：朱静波
责任校对：高 涵　　责任印制：王艳丽

中国纺织出版社有限公司出版发行
地址：北京市朝阳区百子湾东里 A407 号楼　　邮政编码：100124
销售电话：010—67004422　　传真：010—87155801
http://www.c-textilep.com
中国纺织出版社天猫旗舰店
官方微博 http://weibo.com/2119887771
北京通天印刷有限责任公司印刷　各地新华书店经销
2024 年 1 月第 1 版第 1 次印刷
开本：787×1092　1/16　印张：10
字数：120 千字　定价：68.00 元

前言

PREFACE

本书紧紧围绕服装与服饰设计专业课程的特点，分别从面料创意设计、服装材料演绎创意造型、面料再造设计视觉表现、面料创意训练与方法、面料创意塑造差异化风格、面料创意引领可持续时尚、面料创意主题设计案例等七个章节较为系统地讲解，旨在通过深入浅出的知识点、生动典型的案例，提升学生对面料创意设计及综合实践能力。

本书着力于从科技、文化、非遗、流行及艺术的角度，多维阐述、层层递进，对面料创意设计的多样性表达与实践进行研究，阐述服装面辅料的天然特点及其延伸价值，分析阐述面料和服装开发之间的关联性以及创新设计的重要意义和价值。希望能对大家的理论知识和专业技能带来一定的帮助。本书有以下四个特点：

1. 多元视角的必要性

《面料创意设计》是国内外服装与服饰设计专业核心专业课程，针对目前国内形象设计教材普遍存在的问题，结合当今流行趋势，从服饰创意的视角审视形象设计课程，观点更为新颖，学科交叉性、知识面覆盖性较强，对学生的眼界有所提升。

2. 教学内容的科学性

坚持正确的政治导向和科学性。与时俱进地关注科技、文化、非遗，结合设计学科的交叉融合和资源共享，巧妙地将纺织材料、服装设计、产品设计等概念融入教材内容设计体例中。

3. 综合表现的先进性

本书内容由基础到拔高、由理论到实践、由技法到设计、由文化到传承，学习深度更具可持续性，满足本科教育的创新性和挑战度。

4. 教材受众的适用性

本书适用于服装与服饰设计专业所有方向及服装工程设计专业、纺织品设计专业的所有本科生；同时，本书中有大量的实践过程和步骤，也适合所有对面料创意设计感兴趣的读者，以此来拓宽该教材的覆盖面和适用性。本书可作为普通高等院校、职业技术学校的服装、纺织、染织、产品等专业的教学参考书，也可作为相关从业人员及社会大众了解相关常识的专业读物。

写作是沉淀、提炼和升华的过程，愿本书能够起到抛砖引玉的作用，同时笔者水平有限，不足之处望各位专家同行批评、指正，以期再版时一一修订。

感谢中国纺织出版社有限公司及武汉纺织大学领导和师生的支持。

2023年2月

教学内容及课时安排

章/课时	课程性质/课时	节	课程内容
第一章 （4课时）	理论讲解 （4课时） 设计实践 （8课时）	●	面料创意设计
		一	创意思维方式和构思
		二	面料创意与设计师风格
第二章 （8课时）		●	服装材料演绎创意造型
		一	服装材料的可塑性
		二	创意设计材料的选择
		三	服装面料的形态与特质
		四	面料选择与形态效果
第三章 （4课时）	理论讲解 （8课时） 设计实践 （8课时）	●	面料再造设计视觉表现
		一	面料再造设计原则
		二	面料再造设计创意
		三	面料再造设计价值
第四章 （4课时）		●	面料创意训练与方法
		一	平面到立体
		二	具象到抽象
		三	单一到多元
		四	手工到现代
第五章 （8课时）		●	面料创意塑造差异化风格
		一	时装风格定位与梳理
		二	灵感捕捉与快速记录
		三	元素叠加与肌理改造
		四	破除传统与多维解构
第六章 （12课时）	理论讲解 （4课时） 设计实践 （8课时）	●	面料创意引领可持续时尚
		一	面料创意与着装选择
		二	面料创意与消费趋势
		三	面料创意与生活方式
		四	面料创意与可持续设计
第七章 （8课时）	设计实践 （8课时）	●	面料创意主题设计案例
		一	系列创意女装设计方案
		二	非遗元素创意设计
		三	染色工艺应用
		四	镂空面料创意表达
		五	非服用材料时尚转化

注 各院校可根据自身的教学特点和教学计划对课程时数进行调整。

目录
CONTENTS

PART

1

第一章

面料创意
设计

课题名称： 面料创意设计

课题内容： 1. 创意思维方式和构思

2. 面料创意与设计师风格

课题时间： 4课时

教学重点： 从设计思维出发，通过对创意思维方式的介绍，阐述服
装设计中面料创意设计的现状和趋势，读解创意服装中
面料设计的重要性。

教学难点： 探索面料创意设计是一种思维创意活动。

教学目标： 1. 对创意思维方式与面料创意设计关联性的认识。

2. 能够对面料创意设计作品进行较为专业的评价。

3. 能够对常见面辅料的升级改造提出创意思维方案。

教学内容： 从创意思维出发，结合面料创意设计中的创意表达内在
关系，从设计思维角度理解面料创意在服装设计中的重
要价值。

第一节 创意思维方式和构思

在服装设计领域，对面料语言的探索从未停止过。如果说服装设计本身体现的是其灵魂，那么恰当的面料选择会让这种认知得以表达，从而完成设计师对时尚的追求。在服装设计过程中，如何进行面料的艺术再造为服装设计带来新的活力，如何利用常见的普通材料为服装增添时尚度和创意度，显然已经成为重要的核心内容，也是众多高校的核心课程之一。

一、服装设计中的创新思维特征

服装设计是艺术创造的一种方式，通过设计者的创新思维开展一系列的创造活动。创新思维是以辩证的逻辑性思维为基础，对自己所掌握的知识以及经验进行归纳、分析、运用，以一个新形式出现，突破前人所设计的作品。对于服装设计的创新思维主要表现在以下几点特征：

（一）敏锐性

对于服装设计领域而言，敏锐性是设计师对服装灵感、审美和观察具有独特能力，用精准的专业眼光进行发现和把握服装流行趋势信息，并碰撞出设计灵感的"火花"。

（二）原创性

设计的原创性表现在设计过程中的求新、求异及独创性。一个好的设计作品，要与别人有所不同，要具有自身独特性、差异化。例如，三宅一生在自己的设计生涯中充分表达和延续了"褶皱"这一面料特征，面料的原创性成为其显著的品牌基因，成为享誉世界的品牌。

（三）灵活性

服装面料创意设计的灵活性主要体现在设计师进行设计过程中脱离传统的经验主义的束缚，敢于发现问题，分析问题，探讨新设计方法，用时代智慧和发展的眼光，打破传统观念的约束而不断创新的特质。例如，打破传统的服装用料与搭配方式，将制作服装的边角余料或者非服用材料与创新想法有效地融合。

（四）综合性

服装设计是一个知识运用和知识积累的过程，即将所学的专业知识，融入个人设计经验、设计理念等因素多维运用，以及个人对服装有独特的理解，或者服装文化、服装风格、服装时尚性等综合性的见解，服装面料创意设计亦是如此，在设计过程中体现专业知识的综合性运用。

二、创意面料设计的构思流程

（一）了解各种面辅料

收集各种服装面料、辅料，了解各种面料的性能、特点、用途、识别方法等。同时，在收集面辅料的同时了解各种面料成分、数码印花种类、提花镂花、水洗后期等工艺常识，通过市场调研结合理论知识，将材料学相关的知识点融会贯通，为创意面料设计的学习打下基础。

（二）设置创作构思的内容

创作构思是设计实践的关键，评价一件作品最终效果与否除了视觉效果，还有工艺、内涵层、功能等层面的评价，因此，掌握一定的构思方法至关重要（图1-1）。

图1-1　以植物染为构思的创意家居服设计流程

1. 灵感型思维的训练

目前，灵感型思维训练是学生创意设计的主要方式之一。让学生收集资料，充分接触各类事物，如从自然景物、日常生活、传统文化、流行现象和其他艺术形式中去寻找灵感，通过对前期收集的物件影像或图片资料等信息，通过认真观察和构思后，制订设计方案并加以实施。

2. 应用型思维的训练

在前期收集一定实物材料的基础上，根据材料的性能，遵循主题和美学法则进行构思创作。此种思维训练是将前期所学的平面构成、色彩构成、立体构成等专业理论，将点、线、面、体结合材料相互转化的再创作。在共享材料资源的同时，通过发散思维训练，拓展更多的设计方法。

3. 主题型思维的训练

是根据已确定或假定的服装设计主题、风格定位、款式结构、工艺要求来选择面料再造所使用的材料和表现手法去进行的创作思维，这种训练可引导学生发挥前面所掌握的材料的性能知识，运用各种工艺手法进行创作设计，把所掌握的知识运用到实际操作，从而激发学生的设计热情。

第二节 面料创意与设计师风格

服装设计中的面料肌理富含生命感，是设计师灵感创意的重要来源，它作为一种体现设计师构思的艺术语言，使服装在造型上呈现出不同寻常的美感。服装作品中面料再造之美所体现的形式是多种多样的，这些实际存在的美具有共同的特征与规律，面料再造与其他类型设计一样，都要遵循固定的设计美学法则。在此基本原则下的面料再造能使服装与人体完美结合，增强服装设计的艺术感，以此充分挖掘创造思维能力，进而为服装的造型之美奠定坚实的设计基础。

一、帕·拉巴纳（Paco Rabanne）

帕·拉巴纳出生于西班牙，成名于法国。他的设计理念超前于许多设计大师，早在20世纪60年代就开始了面料再造设计的探索。20世纪60年代全世界处在冷战时期，各国都在进行太空军备竞赛。随着人类首次征服月球，人们对于航天科技和太空文明的探索达到空前的高度。太空时代运动（Space Age Movement）如火如荼地展开了，人们对太空科技的乐观和幻想从航天航空领域，蔓延到了建筑、工业、电影、家居、时尚等领域。1966年，帕·拉巴纳首次采用金属、塑料、纸张、唱片羽毛、铝箔、皮革、光纤等非服用材料，通过切割串接的手法将这些看似冰冷坚硬的材料和服装造型完美地结合，推出了他本人设计生涯中最为经典高级定制服系列设计。打破常规的思维，大胆的设计成就了设计师作品的独特风格，开创了服装设计史上的摩登另类潮流。帕·拉巴纳曾说过："我不相信任何人能设计出前所未有的款式，帽子也好、外套、裙子也罢……时装设计唯一新鲜前卫的可能性在于发现新材料"。帕·拉巴纳将他的才华用于重新定义那些他认为与摩登时代不协调的遗留传统（图1-2）。

图1-2　帕·拉巴纳打破常规的高级定制系列

二、克里斯汀·拉克鲁瓦（Christian Lacroix）

巴黎高级女装界的著名设计师克里斯汀·拉克鲁瓦于1987年成立同名设计师奢侈品牌。高贵豪华、灿烂夺目是拉克鲁瓦最典型的风格，他被誉为巴黎高级定制服装品牌第一把交椅、时装界的调色师。在他1992年春夏的高级时装展中，推出完全复古的巴洛克华丽女装，采用名贵的缎面、雪纺、轻纱，结合大量的刺绣、闪闪发光的珠片、精美绝伦的蕾丝花边，充满创意裁剪和完美无比的做工，无论哪一方面都堪称是美轮美奂的精品。*Vogue*杂志2003年为其拍摄的爱丽丝梦游仙境主题时装大片，一如设计师本人充满张狂幻想的风格。他对自己的作品定位为"神秘仙境+地中海风情"。在他的高级时装整体设计架构中，如面料反复叠加、立体花边褶纹、无规律的裙摆等，都强调局部造型的多变性，呈现迷人的立体效果；并搭配当时风靡法国的纱织帽饰或宝石首饰，配色则运用明度较高而彩度较低的高质感色，让时装呈现金属质感以保持面料的华贵特征。克里斯汀·拉克鲁瓦的每件作品都印证了"自己的设计秘诀就是——让旧事物无休止地复兴"这句话（图1-3）。

图1-3　克里斯汀·拉克鲁瓦富有幻想的高级定制时装

三、三宅一生（Issey Miyake）

著名的日本品牌三宅一生就是将统一与变化的美学法则运用到极致的典型例子。三宅一生犹如一个安静的沉思者，他的设计风格形散却意聚，温润却有力，矛盾却规整。他把东方的意境哲思与西方大胆的表现技艺糅合得天衣无缝，被冠以"服装冒险家""时尚界魔术师""服装设计界哲人"等美誉。他长年潜心探索人体与服装之间的关系，通过不断的实验、开发和研究，持续向前所未有的制作工艺发起挑战。一块布可以被打造成各种形式变幻莫测，通过一块布在人体上的缠绕、折叠、披挂，来达到人与衣服的和谐统一。在他的设计中，褶皱面料改造手法既是服装造型的基础，又是亮点。他利用挤压、打皱等外力对面料进行变形处理，改变其原始形态，再根据设计者的设计意图进行特殊技法的艺术创作，使面料呈现出多层次、立体化的特殊效果。三宅一生的作品将不同大小的褶皱面料植入服装造型设计之中，使服装达到造型与风格的统一，细节处褶皱的变化与整个造型主体呼应，使服装呈现出一定的空间效果，完成服装功能性与艺术性的高度一致（图1-4）。

图1-4　三宅一生的褶皱哲学智慧时装

四、让·保罗·高缇耶（Jean Paul Gaultier）

法国高级时装设计大师让·保罗·高缇耶于1976年推出设计师同名品牌，1981年开始展现他玩世不恭的时尚态度与风格，因此，在法国时装界获得"时尚顽童"的称号。他醉心于探究个别元素的底层意义，以朋克式的激进风格，混合、对立或拆解，再加以重新构筑，并在其中加入许多个人独特的幽默感，有点不正经又充满创意，像个爱开玩笑的大男孩，带着反叛和惊奇不断震撼整个世界。早在20世纪80年代中期，便开创了"无性别主义"的时装先河，打破传统刻板的固有标识，率先发起性别界限挑战，将男装系列融入女性裙式元素，如刺绣或蕾丝等工艺材质。他擅长将不同民族、不同时间、不同空间的风格集合起来，集浪漫、优雅、朋克于一身，形成一种独有的多元化、国际化的服饰语言（图1-5）。

五、约翰·加利亚诺（John Galliano）

著名设计师约翰·加利亚诺1960年出生于直布罗陀。1984年毕业于中央圣马丁艺术与设计学院，曾4次"英国最佳设计师奖"，还获得法国总统授予的"骑士勋章"。他的时装作品通常会利用面料再造综合处理，来表现自己的设计理念，传统的面料通过比例分割的形式，加上新的特殊面料组合设计，营造出复古的风格。他将面料作出特有的肌理，利用不同材质与色彩的对比，充分地体现了其个性化设计的精髓与内涵，使整个设计极具立体空间感，体现出服装的理性与和谐美。对于大多数时尚行业的看客，他那特立独行的形象，出现在其高定时装中梦幻般的羽毛和薄纱，往往约等于时尚本身。除此之外，意大利缪缪（Miu Miu）品牌在服装造型设计中的褶皱肌理和英国Craig green品牌在服装上穿插编结的手法都是面料再造体现出的比例与分割之美的经典之作（图1-6）。

图1-5 让·保罗·高缇耶多元化服饰风格

图1-6 约翰·加利亚诺复古摩登的时装风格

六、亚历山大·麦昆（Alexander McQueen）

亚历山大·麦昆1991年进入英国圣·马丁艺术设计学院，获艺术系硕士学位。1994年圣·马丁艺术设计学院毕业并自创设计师独立高级时装品牌，他本人被称为"世上顶级的面料玩家"和"英国时尚教父"。他不跟风，坚持与众不同，拥有破坏和重构的超常能力。其设计风格大胆、颠覆，展现出前卫而独特的魅力。他擅长将独特的元素融入设计中，展现出时尚与个性。他所演绎的浪漫主义是源于自然的浪漫，是生命的浪漫，这种浪漫并不是人为制造出来的，而是采用自然界中的物质形态，以天马行空的想象力将其重新诠释。麦昆通过对自然界以及人类生活状态的思考，将矛盾冲突放大。矿物、岩石和石头、鸟、骷髅、蝴蝶、鹿角、吸血鬼、羽毛、蒙面面具、动物脊椎骨、达尔文进化论等元素，这些看似没有关联的事物，都可以成为他创作的灵感素材（图1-7）。

图1-7 亚历山大·麦昆神秘而震撼的时装语言

本章小结

从总体上了解面料创意设计概念及国内外发展现状，掌握面料创意设计的基本表现特征及其设计规律，强调面料创意设计对服装设计的重要性。了解面料创意设计是一种创意的表现，它涉及的学科门类广泛，表现形式独特，以"物"为服务对象，具有高度的综合性。从创意思维入手，了解面辅料的基本构成要素，掌握面料创意设计的主要技法。通过经典案例，理论和实践相结合，提升创新能力，提升创新能力向整体型发展，实践型向人文型、创新型人才培养目标发展等方面阐述面料创意设计的专业知识体系。

思考题

1. 对国内面料创意设计专业教学内容进行调查，整理资料。

2. 对国内纺织服装产业中面料创意设计趋势进行调查并梳理总结。

3. 思考面料创意设计领域发展的背景和未来方向。

4. 阐述面料创意设计的基本设计规律。

5. 请举例说明以面料创意设计为个人风格的设计师都有哪些。

PART 2

第二章

服装材料
演绎创意造型

课题名称： 服装材料演绎创意造型

课题内容： 1. 服装材料的可塑性

2. 创意设计材料的选择

3. 服装面料的形态与特质

4. 面料选择与形态效果

课题时间： 8课时

教学重点： 常用服装面料种类、基本特征。

教学难点： 面辅料不同性能的辨别及其应用其面料特征对成衣开发
及大货的指导作用。

教学目标： 1. 学习服装面料、辅料、纺织纤维等概念及关联性。

2. 服装面辅料的服用性能、制作工艺、设计风格、外观
形态、保养和价格等起着至关重要的作用。

教学内容： 从服装面辅料和纺织纤维的功用导入，讲解面料创意设
计中纤维、辅料及相关工艺之间的内在思路。

　　今天，当人们提到"服装"这个词时，已经代表着社会时尚，代表着展示人们精神生活面貌的物质形式。服装设计师们新的设计理念不再只是传统形式的延续，而是开始寻求更多样的表达方式，造型的改变、款式分割的更新、色彩的大胆运用成为主要的设计方式，需要更大的突破，就必须把重点放在面辅料的开发上。因此，服装面辅料的创意设计成为设计师们新的新途径，尤其是创意类服装和设计师品牌更需要材料的创新设计来塑造差异化的服饰风格。因为材料的创新设计能够很好地表达设计师的设计主题、情感取向、哲学思想和生活主张。

第一节　服装材料的可塑性

　　服装的发展在现今越来越多样化，时尚的服饰受到越来越多人的关注，除了面料，我们的服装也少不了服装辅料。所谓服装辅料，我们可以简单地理解为就是除面料以外的所有辅助材料物品。服装面辅料的更新与发展对在社会上的流行具有非常重要的影响。服装面辅料的流行要素在每一个季度的服装中都是具有言语性与创新性的综合特征。流行要素不会在所有方面共同体现，而是在一种或几种元素中进行表达。

　　服装是一个系统工程，包括设计、制作、展示、销售等环节，其中制作过程分各个环节，最重要的一个环节就是材料选定，材料中又分面料和辅料的选择。服装面辅料是体现服装设计灵魂的重要变现手法。除了制作服装的主要面料，其他的辅料、附件和装饰物都统称服装辅料，它是除面料外装饰服装和扩展服装功能必不可少的元件。

一、服装面辅料是服装设计的物质基础

　　材料是服装设计的基础与要素。服装面辅料包括服装的主体面料和其他如里料、纽扣、缝纫线等辅料（图2-1），其中服装面料对服装效果起决定作用。

（一）服装面辅料是服装造型的载体

　　服装的面辅料不同，所具有的性能也具有差异性。生活中我们经常有

这样体验：纯棉制作的毛巾柔软、吸水性强，用莫代尔纤维面料制作的贴身家居服舒适、有弹性，利用丹宁面料制作的工装和休闲装等耐磨、挺括。服装面辅料性能不同，有的厚重有的轻薄，有的光滑有的粗糙，有的吸水有的拒水，而这些性能将影响服装的造型表现力和效果。服装中未与人体贴合、不受支撑的部分都会自然垂下，使服装显示材料自身的质感形态与衣纹效果，而且在动态下还会产生丰富而不定的变化。因此，服装的造型效果在根本上取决于材料的特质。例如，渡边淳弥在一场发布会中将同一款式的不同材质的连衣裙，采用同种牛仔面料的不同再造设计手法，通过拼接、破洞处理、拉丝、褪色不规则剪裁等工艺，营造两种风格迥异的造型（图2-2）。

图2-1　休闲服饰中常用的辅料

图2-2　渡边淳弥同一款式不同面料肌理的设计

（二）服装面辅料是服装工艺的载体

由于不同的服装面辅料性能不同，因此在加工中的工艺有一定的差异。例如，有的面料伸缩性较大，使得服装加工时，在裁剪、缝制等工艺环节都会比伸缩性小的面料更容易出现问题，需要特殊的加工工艺和要求。

（三）服装面辅料是服装色彩、图案的载体

服装面辅料是服装设计色彩、图案、肌理的载体。时装设计师依靠服装面辅料来实现自己的想法，无论是服装的款式造型，还是服装色彩方面的设计，都要依靠服装面辅料来实现。

（四）服装面辅料是服装服用性能和特殊功能的载体

服装最基本的一个用途是满足消费者抵御环境和穿着舒适的要求，如保暖、挡风、避雨、避暑、吸湿排汗、速干等，另外还可以满足消费者的一些特殊功能要求，如防辐射、抗紫外线、保健功能、防弹功能等，而这些基本要求和特殊功能要求都由服装面辅料来实现。特别是目前新型的服装面辅料发展迅速，环保型、保健型、高科技的服装面料层出不穷，对于这类面料的掌控能力成为服装设计师的主要设计手法。

二、服装面辅料的选择直接影响设计效果

在服装设计过程中，质量是最为重要的。面料如果没有好的质地，就不会展现良好的服装造型。面料的选择在服装的设计过程中是一个非常重要的环节，直接影响服装设计师的设计取向与服装设计的最后成效。设计师可将材料的某一个特性进行提炼，进而升华到一定层次，而设计师在进行抽象创作的同时，往往又是根据织物的特点来达到自身的设计目的，完成最终的设计。作为服装设计师，应了解设计与材料的关系，服装设计是生产力，设计过程离不开面料的特性，使用相匹配的材料，才能展现出好的构思，也就是说不同的款式风格要选择与其相匹配的材料，才能达到相应的效果（图2-3）。

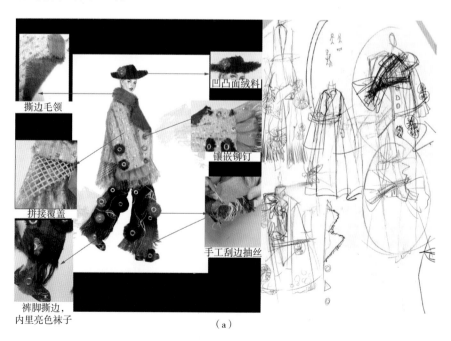

撕边毛领

凹凸面绒料

镶嵌铆钉

拼接覆盖

手工刮边抽丝

裤脚撕边，
内里亮色袜子

（a）

（b）

图2-3 "手绘+面辅料小样"表现创意服饰效果（作者：雷楚丹）

三、服装面辅料的发展对服装设计产业的影响

在国内和国际纺织行业中，新的高科技服装面辅料层出不穷，服装企业纷纷推出现代时尚、美观、穿着舒适、款式新颖的服装。高新技术的天然材料越来越受到消费者的青睐。作为一种新的纤维材料，转基因彩色棉、丝光棉面料广泛应用于人们的生活领域，不仅避免了环境污染和对人体的伤害，又具备风格独特、色泽柔和及屏蔽紫外线的特性。为了在激烈的商品竞争中获胜，世界各国的企业都十分重视新产品的研究和开发。如今，纺织原材料、纺织产品涉及的科学技术范畴及其应用规模日趋扩展，向宇宙空间、生物领域飞速扩展。丰富多彩的品种，多方位、多功能的性能特点，使服装的发展也达到前所未有的高度（图2-4）。

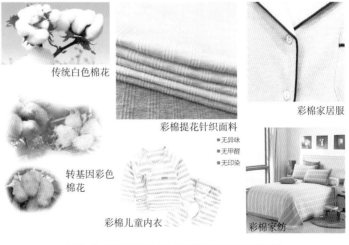

传统白色棉花

彩棉提花针织面料

转基因彩色棉花

彩棉儿童内衣

■ 无异味
■ 无甲醛
■ 无印染

彩棉家居服

彩棉家纺

图2-4 转基因彩色棉广泛应用于纺织服装领域

四、服装面辅料的开发影响服装业的发展

进入20世纪90年代的服装面辅料伴随着科技的发展呈现出日新月异的新局面，智能面料和功能材料不断涌现，带来服装面辅料的快速更新换代，应用范围日趋广阔。当下已经进入"材料世纪"，为了能正确地把握服装面辅料的发展趋向，以适应目前服装产业对材料的需求，为了能正确把握时装潮流，以适应越来越激烈的市场竞争，近年来服装面辅料的发展特点和未来趋势呈现以下几个方面。

（一）服装面辅料涉及衣着用、装饰用和产业用三大领域

随着人们生活水平的提高，现代化生活的需要，除服装外，窗帘、台布、地毯、毛毯等装饰材料的需求逐年增加，而交通运输、土建、消防等产业部门，也对材料提出了高强、过滤等特殊要求，促使材料进行更新换代。

（二）衣着用面辅料呈现化纤化、天然化趋势

天然纤维除保持本身的吸水、透气、舒适等优点外，还具有抗皱、弹性等性能。化学纤维则进行仿生化研究，使织物具有仿棉、仿毛、仿丝、仿麻、仿鹿皮、仿兽皮的效果。

（三）服装面辅料的外观风格和服用性能趋于高档化

服装面辅料在原料选用、织物结构、色彩流行等方面不断改进，得到高档细薄型织物、各种仿绸织物等，以适应消费水平的提高。

（四）服装面辅料具有高科技化和高附加值

通过各种物理、化学改性、改形及整理方法，使服装面辅料具有防水透湿、隔热保暖、阻燃、抗静电、防霉、防蛀等特殊功能，以满足特殊场合的需要。

（五）服装面辅料具有可持续性

为了适应快节奏的现代生活，服装面辅料强调易护理性、保健性、安全性和环保性，对牢度特性的要求有所降低，对美学特性的要求提高。针织服装因能保持色彩鲜艳和优良的弹性而得到青睐，休闲服装则因穿着潇洒大方而不失舒适，因而得到流行。

第二节　创意设计材料的选择

　　色彩、款式和材料是服装设计的三要素。由于原料和加工方法的不同，服装面辅料的外观会使人的感觉器官——眼、耳、皮肤等产生不同的感受，如材料的悬垂感、轻薄感、厚重感、挺括感、柔软感以及表面肌理的粗犷感和细腻感等。这种因材料的质地引起的感受通常被称为材料的"质感"。由于现代轻工业、纺织业的发展，服装面辅料日益丰富，表现材料本身质地的美感，是现代服装艺术设计的重要特征，对服装外观产生美的影响（图2-5）。

图2-5　戳戳绣手工艺在创意服装中的应用

一、服装材料及分类

　　从功能上分，服装材料包括面料和辅料。材料形态和特性各异，影响着服装的外观、加工性能、服用性能及保养、经济性。服装材料有纤维制品、皮革制品、皮膜制品、泡沫制品、金属制品和其他制品。

（一）纤维制品

纤维制品包括纺织制品和集合制品。

1. 纺织制品

纺织制品分为布类和线带类。

布类包括机织物、针织物、花边、网眼织物。线带类包括织带、编织带、捻合身带、缝纫线、织编线等。

2. 集合制品

集合制品包括毛毯、絮棉、非织造布、纸。

（二）皮革制品

皮革制品包括皮革类（兽皮、鱼皮、爬虫类）、毛皮类（裘皮类）。

（三）皮膜制品

皮膜制品包括黏胶薄膜、合成树脂薄膜、塑料薄膜、动物皮膜等。

（四）泡沫制品

泡沫制品包括泡沫薄片和泡沫衬垫。

（五）金属制品

金属制品包括钢、铁、铜、铝、镍、汰等材料制成的服装辅料和服饰配件。

（六）其他制品

其他制品包括木质、贝壳、石材等。

二、服装面料的概念及分类

（一）面料的概念

服装面料指体现服装主体特征的材料。在所有的服装面料中，纺织类是运用最广的一类。所有的纺织类产品，都是运用一定的纤维，并按一定的方式编织而成的。

（二）面料的分类

根据纤维成分的编织方法不同，纺织品又可以分为麻织物、丝织物、毛织物、棉织物、化纤织物和机织物、针织物等许多种类。

1. 麻织物

用麻纤维纺织加工的织物，包括麻和化纤混纺交织的织物都叫麻织物。麻织物是我国最早的纺织品。早在新石器时期，我们的祖先就会从自然界里采集大麻、苎麻等植物，用石器敲打后提取麻纤维，并用这种纤维编织成的网状物（即最早的麻布）制成衣服。一直到宋代初，麻织物都是我国人民制作服装的主要材料。麻织物具有透气、挺爽、凉快的性能，且比较牢固，但抗皱性差。由于麻纤维很难整理得均匀，所以这类织物的表面会出现毛糙、不光滑的肌理，使麻织物具有古朴、粗犷的外观风格。由于原料的不同，麻织物分为麻布（用大麻纤维织成）、纻布（用苎麻纤维织成）和葛布（用葛纤维织成）等品种（图2-6）。

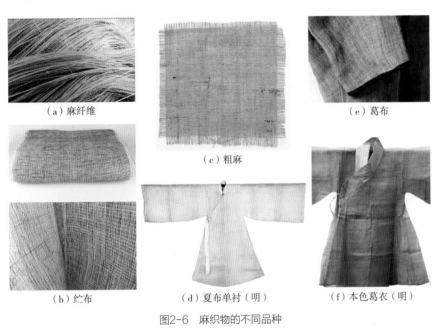

（a）麻纤维 　　　　　　　　　　　　　　　　　（c）粗麻 　　　　　　　　　　　　　　　（e）葛布

（b）纻布 　　　　　　（d）夏布单衬（明） 　　　　　　（f）本色葛衣（明）

图2-6 麻织物的不同品种

2. 棉织物

用棉纱为原料的织物叫棉织物。棉与其他化纤混纺的织物称为棉型织物。棉织物是我国发展较迟的一种纺织品，我国棉花的引种最早在西南和西北地区。到宋末元初以后，才传入中原地区。由于"比之桑蚕，无采养之劳，有必收之效。埒之枲免缉绩之工，得御之益，可谓不麻而布，不茧而絮"，所以棉织物得到迅速发展，成为人们衣着的主要材料。棉织物风格朴实，抗皱性差，但它有很好的吸湿性、透气性、保暖性，一般比较柔软，接触皮肤无刺激，穿着时感觉良好。按棉织物的不同织纹，可将棉布划分为平纹、斜纹、缎纹、起绒、起皱五大类（图2-7）。

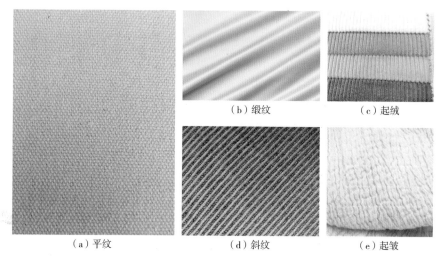

（b）缎纹　　　　　　（c）起绒

（a）平纹　　　　　　（d）斜纹　　　　　　（e）起皱

图2-7　棉织物的不同品种

（1）平纹类。平纹类的棉织物纹路平整、均匀，或纵向或横向，如市布、棉麻府绸、罗纱等。

（2）斜纹类。斜纹类的棉织物纹路清晰，或右斜或左斜。一般质地紧密、结实、挺括，如卡其、华达呢、劳动布等。

（3）缎纹类。缎纹类的棉织物表面光滑，具有缎面的光泽，柔软且丰厚，如贡缎布。

（4）起绒类。起绒类的棉织物表面都呈现一层薄薄的绒毛，柔软，保暖性好，如平绒布、灯芯绒。

（5）起皱类。起皱类的棉织物表面都有明显凸凹不平的皱纹，质地比较轻薄、柔软，穿着凉爽、透气，如柳叶绉、泡泡纱等。

棉织物因色彩、图案的不同，还可以分为白布、色布、印花布、提花布、色织布等品种。麻、棉织物是人类古老、普通的服装面辅料，具有清秀、文雅、朴实无华的外观风格，因此，麻、棉织物一般不宜设计高档的礼服，而适合设计轻松、文静、朴实的生活便服。

3. 丝织物

丝织物是指用蚕丝或化学纤维长丝织成的各种织物，包括蚕丝或化学纤维长丝与其他纤维混纺或交的织物。我国是世界上最早发明养蚕、缫丝、织绸的国家。1958年在浙江吴兴钱山漾新石器时代遗址中，出土了一批4700年前的丝织品。商代的甲骨文中已有蚕、桑、丝、帛等文字记载。春秋战国期，我国丝织物的生产比较普遍。秦汉以后，我国丝织物更是精美绚丽，并开始成为向外输出的重要物品。因为丝织物是我国古代特有的一种工艺品，古时的中国也被域外国家称为"丝国"，那条从甘肃经新疆通往西方的交通要过道，也因远销我国丝织物而被称为"丝绸之路"，享誉世界（图2-8）。

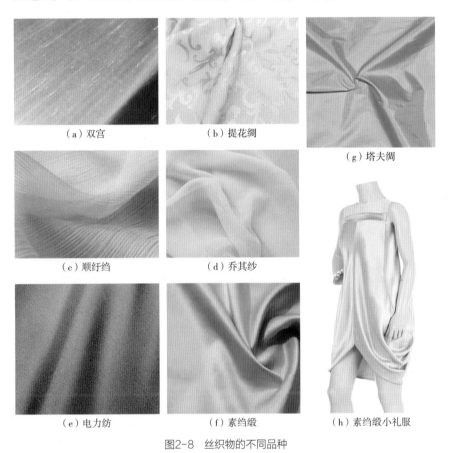

（a）双宫　　　　　　　　（b）提花绸

（g）塔夫绸

（c）顺纤绉　　　　　　　（d）乔其纱

（e）电力纺　　　　　　　（f）素绉缎　　　　　　　（h）素绉缎小礼服

图2-8　丝织物的不同品种

三、服装辅料的概念及分类

（一）辅料的概念

辅料包括里料、衬料、垫料、填充材料、缝纫线、纽扣、拉链、钩环、尼龙搭扣、绳带、花边、标识、号型尺码等。还有一种通俗的说法，当消费者买到一件新服装时，除了服装面料其余的一切东西都称为服装辅料，大致包括里料、衬料、填料、垫料、商标类、腰带类、缝纫线类、扣紧材料类、包装材料类（图2-9）。

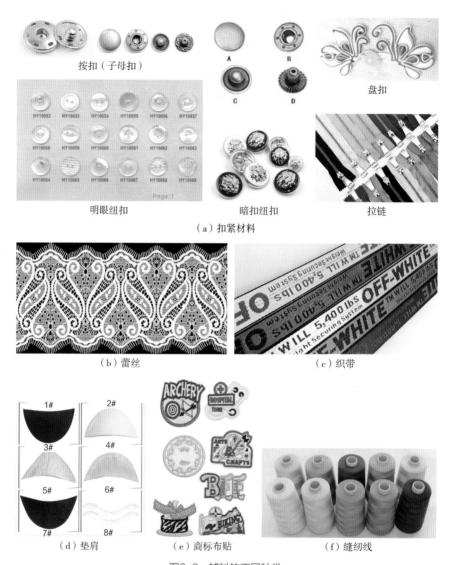

按扣（子母扣）

盘扣

明眼纽扣

暗扣纽扣

拉链

（a）扣紧材料

（b）蕾丝

（c）织带

（d）垫肩

（e）商标布贴

（f）缝纫线

图2-9　辅料的不同种类

（二）辅料的分类

1. 里料

里料包括棉纤维里料、丝织物里料、黏胶纤维里料、醋酯长丝里料、合成纤维长丝里料。

2. 衬料

衬料包括棉布衬、麻衬、毛鬃衬、马尾衬、树脂衬、黏合衬。

3. 垫料

垫料包括胸垫、领垫、肩垫、臀垫。

4. 填料

填料包括絮类填料、材料填料。

5. 缝纫线

缝纫线包括棉缝纫线、真丝缝纫线、涤纶缝纫线、涤棉混纺缝纫线、绣花线、金银线、特种缝纫线。

6. 扣紧材料

扣紧材料包括纽扣、拉链、其他扣紧材料。

7. 其他材料

其他材料包括带类材料、装饰用材料、标示材料、包装材料。

第三节 服装面料的形态与特质

一、服装面料的形态

视觉或触觉对不同物态如固态、液态、气态的特质的感觉。在造型艺术中则把对不同物象用不同技巧所表现把握的真实感称为质感。大面积的面料肌理既决定了服装的颜色和整体质感，也可以创造一定的空间效应，将平面的变成立体的有空间感的。除了面料选择外，掌握面料的性能和可实现的造型对于设计师而言也是非常重要的。

二、服装面料的特质

（一）质感

面料的质感是外观形象和手感的综合效果，它是服装设计的重要元素之一，对服装造型具有较大的影响。因此，现代服装设计十分重视材料质感的表现。质感包括外观和手感，能够表现出面料的柔软与硬挺，轻薄与厚重，平滑与粗犷，毛面与光面，细腻与粗糙，平面与立体，紧密与疏松等特征。面料所用的原料不同，加工方式各异，使面料的品种繁多，质感多样。材质的形成主要由四个因素构成：纤维原料、纱线结构、织物组织结构和织物整理（图2-10）。

（a）羊绒：细腻温暖质感

（b）烫金仿皮面料：
炫酷金属质感

（c）绗缝填充面料：
复古端庄质感

（d）欧根纱：梦幻浪漫质感

（e）蚕丝羊毛面料：
亲肤高档质感

（f）黑色生态皮革：
粗糙结实质感

图2-10　面料质感的不同表现

（二）量感

量感，即面料的重量与体积，不同量感令人有不同的感官及心理体验。视觉或触觉对各种物体的规模、程度、速度等方面的感觉，对于物体的大小、多少、长短、粗细、方圆、厚薄、轻重、快慢、松紧等量态的感性认识。例如，毛呢是冬装外套的常用面料，具有厚重感；真丝欧根纱等轻薄面料通过打褶裥的处理也同样能营造厚重的效果，并且可以营造出蓬松感，因此这种工艺经常被用于量感十足的晚礼服；使用丹宁面料使人有一定的安全感；雪纺类面料则给人以轻松舒适的感受，因此适合表现优雅知性的服饰（图2-11）。

（三）肌理

面料肌理指采用不同的纤维、纱线和织物结构并运用造型、整理等手法，使织物具有的风格不同的表面纹理、色彩、图案和纹理。无论是面料的自然肌理，还是带有极致人为的新奇的肌理，都是服装设计师表达情感、宣扬个性和诠释设计理念的重要载体。面料在未加工成服装之前，各种面料都有自己独特的韵律，体现在面料的肌理上。面料肌理不仅是服装设计的简单承载物，更是服装的皮肤纹路，对营造服装风格具有决定性作用。通过对面

（b）珍珠层次量感

（a）立体褶量感　　（c）欧根纱层叠量感　（d）呢料拼褶量感　　（e）薄纱堆积量感

图2-11　量感的不同表现

料的二次设计对原有的肌理升级改造之外，也可以结合内外廓型的塑造加以提升，如通过褶皱、堆砌或半立体手法等都可以达到肌理的再设计表达。肌理在视觉和触觉上赋予面料新生命，传递新情感，营造新空间，提升设计含量，让设计增值（图2-12）。

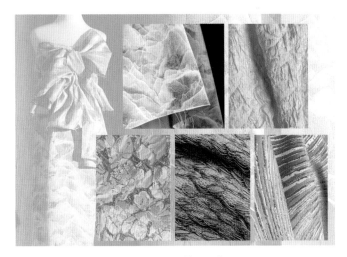

图2-12　肌理的不同表现

（四）表现力

粗糙与光滑，软与硬，轻与重等，肌理的视觉效果不仅能丰富面料的形态表情，而且具有动态的、创造性的表现主义的审美特点（图2-13）。

1. 视觉效果

视觉效果指人们用眼就可以感觉到的面料艺术效果，强调图案纹样结合色彩在服装上的创新表现，如手绘、晕染、泼溅、纱洗。

2. 触觉效果

触觉效果指人通过手或肌肤感觉到的面料艺术效果，强调面料的立体效果，如抽褶、压褶、纫缝、珠绣、编织。

3. 听觉效果

听觉效果指通过人的听觉系统感觉到的面料艺术效果，强调在人体运动过程中面料与面料，面料与其他装饰物的摩擦产生的有声韵律。例如，产

（a）反光涂层面料之
科技趣味表现力

（b）欧根纱折纸造型
之个性表现力

（c）涂层面料之触觉
表现力

（d）立体褶皱之摩登
表现力

（e）立体工艺之造型
表现力

（f）布条拼缀之雅痞
表现力

（g）几何褶皱之概念
摩登表现力

（h）牛仔毛呢拼接之
复古中性表现力

图2-13 面料所呈现的表现力

自广东顺德的香云纱又名"响云纱"，是世界纺织品中唯一用纯植物染料染色的丝绸面料，被纺织界誉为"软黄金"，制作过程如图2-14所示。分别为：切碎、榨薯莨→煮绸→洒莨水→封莨水→晒莨→过乌→水洗→揉雾→收莨。

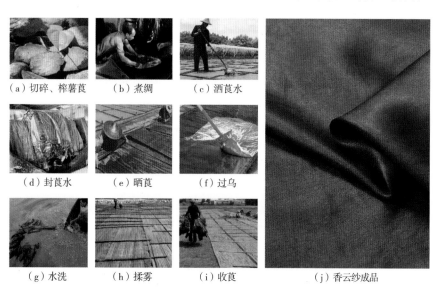

（a）切碎、榨薯莨

（b）煮绸

（c）洒莨水

（d）封莨水

（e）晒莨

（f）过乌

（g）水洗

（h）揉雾

（i）收莨

（j）香云纱成品

图2-14 纯植物染料染色"香云纱"制作过程

第四节　面料选择与形态效果

服装，不再单纯倾向于款式的变化，而更讲究材料的舒适与审美趣味。社会竞争的不断强烈，消费水平的日益提高，都使得买方市场的优势越来越大，消费者在众多的选择面前也树立了新的价值体系。对于面料的一遍塑型已经不能满足挑剔审美眼光，还使服装的设计含量降低。通过材料再造以增加服装的视觉卖点和附加价值已经成为品牌制胜的法宝。

一、材料创意是服装设计个性化表达的载体

服装面辅料的种类、外观效果、组织结构特色、使用性能等，均影响服装的最终效果。如今，服装款式设计、色彩搭配设计日趋"饱和"，设计师们越来越意识到服装市场的激烈竞争已进入以材料取胜的时代，服装面辅料已经突破了传统材料的定义，向着多元化发展。新材料的涌现需要设计师不断探索和尝试，挖掘灵感、创造材料的艺术形式，将创意思维贯穿于服装设计的整个过程。可见，材料的创意设计是设计师服装作品个性表达的重要语言。例如，美国Anne Marr设计的可穿插面料制成的艺术时装和装置作品，让作品充满无限可能（图2-15）。又如，丹麦的设计师Anne Sofie Madsen始终将重视细节和精美的手工制作，作为自己作品的显著个性标签（图2-16）。

图2-15　Anne Marr可穿插材料及其服装设计

图2-16　Anne Sofie Madsen精美手工制作时装

二、了解常规面料性能是创意设计的保障

一个从事服装设计与工艺制作的人，往往会碰到这样的问题：不同的服装面辅料，运用相同的设计表现形式和相同的工艺技术，会出现不同的服装效果。例如，有些服装的色牢度不稳定，出现褪色或变色的现象；有些服装的形态不够稳定，易缩水变形；有些服装面料的物理机械性能不稳定，面料纤维的耐热、吸湿、可缩性直接决定了服装工艺热处理定型的量化要求；面料的编织密度、松紧、轻重也直接作用于服装工艺技巧及制作方法。只有对不同材质面料的造型特点有所了解，才能熟练地应用于服装设计（图2-17）。

（一）柔软型面料

柔软型面料一般悬垂性好，较柔软，造型流畅而贴体，服装轮廓自然舒展，能柔顺地体现衣着者的体形，这类面料包括针织面料和丝绸面料。

（二）针织面料

针织面料制作服装时可省略一些剪辑线和省道，取长方形造型，使衣、裙、裤自然贴身下垂。

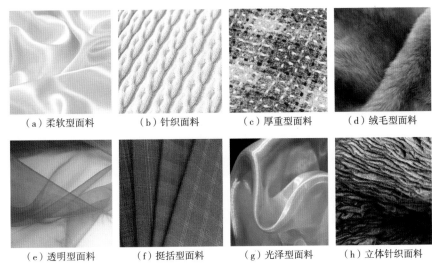

| （a）柔软型面料 | （b）针织面料 | （c）厚重型面料 | （d）绒毛型面料 |
| （e）透明型面料 | （f）挺括型面料 | （g）光泽型面料 | （h）立体针织面料 |

图2-17　不同性能的面料分类

（三）厚重型面料

厚重型面料质地厚实挺括，有一定的体积感和毛茸感，能产生浓厚稳定的造型效果。服装造型和轮廓也不宜过于合体贴身或细致精确，以A型和H型造型最为恰当。

（四）绒毛型面料

绒毛型面料是指表面起绒或有一定长度的细毛面料，这类面料有丝光感，显得柔和温暖。绒毛型面料因材料不同而质感各异，在造型风格上也各有特点，一般以A型和H型的造型为宜。

（五）透明型面料

透明型面料质薄而通透，能不同程度地展露体形，常用线条自然丰满、富于变化的直身形和弧线形的造型。

（六）挺括型面料

挺括型面料天然硬挺，造型线条清晰而有体积感，能形成丰满的服装轮廓，给人以庄严稳重的感觉。这类面料包括棉布、麻布、毛料和化纤织物。挺爽型面料可设计出轮廓鲜明的服装，以突出服装造型的精确性。

（七）光泽型面料

光泽型面料表面光滑，并能反射出亮光，有熠熠生辉之感，常用来制作晚礼服或舞台演出服，以取得光泽闪耀、华丽夺目的强烈效果。这类面料大多为缎纹结构的织物，在服装总体造型上应以适体、简洁、修长为宜。丝绸面料的服装多采用松散型和有褶裥效果的造型。

综上所述，不同的服装面辅料对服装的工艺制作和服装形态效果都会产生一定的影响。科学地理解并运用服装面料，不仅表现了设计师的艺术设计能力，更体现出服装设计师的专业技术水平。只有科学地运用服装面料，才能够恰当地表现出服装的形态美。

三、面辅料性能对服装形态的关系

（一）常见面辅料特点

不同的服装面辅料对服装的工艺制作和服装形态效果都会产生一定的影响。

首先，服装设计的创新最直观的表现就是材料的创新，服装面辅料直接影响服装艺术形态美。其次，服装面辅料的创新直接影响设计师艺术设计能力。最后，服装品牌形成很大程度依靠服装面辅料的风格（图2-18）。

1. 丝

优点：富有光泽，色泽鲜艳，触感光滑、柔软、舒适，吸湿性好，穿着舒适。

缺点：容易起皱，耐光性差，耐弱酸和弱碱，不耐盐水侵蚀，易虫蛀和发霉，白色蚕丝因存放时间过长会泛黄。

2. 涤纶

优点：强度高，耐冲击性，耐热，耐腐，耐蛀，耐酸不耐碱，耐光性很好（仅次于腈纶），暴晒1000小时，保持60%~70%织物易洗快干，保型性好。

缺点：吸湿性很差，染色困难。

涤纶常作为低弹丝，可制作各种纺织品。棉毛麻均可与涤纶短纤混纺。

3. 锦纶（尼龙）

优点：强度高，弹性好，最耐磨，比重小，耐酸碱，比涤纶/腈纶吸湿性好，不易发霉，不易被虫蛀。

缺点：吸湿性小，保形性差，耐光性差，易起球。

（a）数码印花真丝缎

（b）涤纶网眼面料

（c）锦纶泳衣

（d）亮丝腈纶面料

（e）黏胶变色龙面料

（f）毛织物面料

图2-18　面料特点影响服装形态

锦纶长丝多用于针织和丝绸工业；锦纶短纤大多与羊毛或者毛型化纤混纺做华达呢。

4. 腈纶（人造羊毛）

优点：有"合成羊毛"之美称，其弹性及蓬松度类似天然羊毛，其织物保暖性也不在羊毛织物之下，腈纶织物染色鲜艳，耐光性位于各种纤维织物之首。

缺点：耐磨性是各种合成纤维织物中最差的，吸湿差，染色难，所以会出现SO样和大货10%~15%的色差。

5. 黏胶

优点：是人造纤维素纤维，由溶液法纺丝制得，黏胶是普通化纤中吸湿性最强的，染色性很好，穿着舒适感好。

缺点：黏胶弹性差，湿态下的强度，耐磨性很差，所以黏胶不耐水洗，尺寸稳定性差，比重大，织物重，耐碱不耐酸。

6. 氨纶

优点：弹性最好，有较好的耐光、耐酸、耐碱、耐磨性。氨纶比原状可伸长5~7倍，穿着舒适、手感柔软，不起皱。

缺点：强度最差，吸湿差。

用途：有锦纶和氨纶的情况下就是我们所说的拉架，拉架又叫氨纶包芯纱，是锦纶包覆氨纶的一种常见纱，常规有1570、1870、2070。拉架的弹力很大，不仅可以增加服装的弹力，还可以使做出来的服装加厚。

7. 毛织物

（1）纯毛：色泽自然柔和，手感柔软，有弹性，攥后几乎无折痕，即使有，也能尽快恢复原状，纱线纤维有天然卷曲。

（2）毛涤：光泽较亮，手感光滑，稍有硬板感，弹性很好，攥后折痕迅速恢复原状。

（3）毛腈：色泽艳，手感蓬松。

（4）毛锦：毛感差，外观有蜡样光泽，手感硬挺不柔软，攥后有明显折痕，可部分恢复。

（5）毛黏：光泽较暗，手感柔软，攥后折痕明显，不易恢复。

（二）面料特性在研发和大货中的指导

现代服装对于人们穿着提出了更多、更独特的要求，并且更加追求舒适性强及安全健康。服装面辅料已不再只有遮体、保暖等原始功能，而是向简单时尚、独具创造的方向发展，从而体现出面辅料在服装中起到的作用和影响。这种形式下，服装消费市场的发展趋势拓展了人们的流行性思维，突破了对传统观念的束缚，尝试着从新元素、新材料的搭配方式来研究服装面辅料在服装设计中的主导作用（表2–1）。

表2-1　常用面料对大货的指导

面料品类	难度品类	特性	难易程度	温馨提示
雪纺类（雪纺、顺纤绉、色丁、双绉）	30D 雪纺、水洗绉轻薄品类	手感若柔软，纰裂差、撕破强力差	★★	请不要做紧身款
	雪纺印格子花型（超过 1 厘米格子）	面料太薄，生产大货中纬斜难控制	★★★★	请尽量做不对格型的款式
	转移印花	渗透性差、背面发白	★★	缝制过程中针脚或者皮筋拉扯后白纱翻转，形成抽纱

面料品类	难度品类	特性	难易程度	温馨提示
针织类（缩率是针织面料的重要特性，缝制工艺中缩率是样板设计时必须考虑的工艺参数）	全人棉、木代尔不带氨纶汗布	缩率≥15%，线圈结构容易脱散	★★★	请设计时选择尺寸要求不高的宽松型款式，注意脱散性、拼接不宜过多
	精梳类针织	起毛球难控制	★★★☆	请不要选择TR、TC、涤纱、环锭纺人棉
	粗针类针织	腈纶、涤纱类起毛球难控制，羊毛价格偏高，段差、匹差10%	★★★★☆	选择余地比较小、SO样与大货有10%的合理色差，需设计师知悉确认
棉、棉交织混纺类	涤棉交织（风衣、裤料）	2~3种成分，染色因成分不同中变差难控制	★★★★	板房尽量避中边差排板
	人棉	湿强差，缩率偏大	★★★★☆	前期开发需增加纱线粗细，加强组织密度；设计研发不适合紧身款
牛仔类	机织牛仔、针织牛仔	色牢度差、针织布面有条印痕无法避免	★★★★☆	原色设计选择仿牛仔，真牛仔品类请设计师用后处理工艺处理掉浮色
	弹力牛仔	缩率超过10%	★★★☆	一些大品牌推出三维裁剪，同立裁差不多，在膝盖处加多收褶，或多一个面，使牛仔裤的膝关节处活动自如
毛呢类	格型毛呢	黑色部位强力差	★★★☆	大货不能做太薄，或用60W40T成分避免强力差
	针织呢	起毛球难控制、缩率≥10%，缸差大，段差多	★★★★☆	布面毛感不能太强、设计时成衣款式偏宽松
化纤、化纤混纺交织类	TR	因TR纱线特性起毛球2~3级	★★★☆	纱线原因导致起毛球为2~3级
	天丝、铜氨类	撕破强力差，纰裂差，布面轻微鸡爪印激光印	★★★★☆	款式设计要求宽松；布面轻微鸡爪印激光印属正常现象
绣花类	蕾丝、花边	组织密度偏松，氨纶丝易断裂脱出，锦纶低弹丝易起球	★★★★	不能用在耐磨部位，易钩丝、起毛球
烫金类	底布不限	烫金因工艺问题水洗后易脱落，保持性不持久	★★★★☆	减少用烫金或用之前测试，可以选择面料织造进金属丝

面料品类	难度品类	特性	难易程度	温馨提示
撞色类	底布不限	深色水洗后易掉色,浅色易沾色	★★★★★	设计款式时需提前告知,水洗检测通过后方可设计生产大货

本章小结

了解常用服装面料、辅料、面料种类、纺织纤维等相关名词概念及之间关联性,掌握面辅料不同性能的辨别及其对成衣开发及大货的指导作用,从而掌握服装面辅料的服用性能、制作工艺、设计风格、外观形态、保养和价格等。

思考题

1.结合市场考察,深入了解面料、辅料的种类及性能。

2.思考面料创意设计中纤维、辅料及相关工艺之间的内在联系。

3.讨论不同风格、不同单品的服装,常用的面辅料有哪些。

4.结合日常选购衣物过程中,对服装吊牌成分的了解、保养方法等,熟悉不同面、辅料特点。

PART **3**

第三章

面料再造
设计视觉表现

课题名称： 面料再造设计视觉表现

课题内容： 1. 面料再造设计原则

2. 面料再造设计创意

3. 面料再造设计价值

课题时间： 4课时

教学重点： 注重面料创意设计的手法表现，结合服装工艺进行表现
练习。

教学难点： 从物质形态、质感、量感、表现力等方面对面料进行再
造设计。

教学目标： 1. 掌握面料再造设计的种类及基本工艺。

2. 学习和掌握面料的破坏性设计（减型设计）的方法。

3. 学习和掌握面料的装饰性设计（增型设计）的方法。

4. 学习面料钩编织设计、花型图案设计以及面料混搭再
造设计方法。

教学内容： 从设计的造型要素、面料再造设计与材料以及面料再造
设计与色彩、点、线、面在面料设计中的视觉语言等方
面综合分析，对面料再造进行详尽讲解，重点加强实践
环节的练习。

面料再造是对成品面料进行二次设计与二次工艺处理。利用传统手工或平缝机等设备对各种面料进行缝制加工，也可运用物理和化学的手段改变面料原有的形态，形成立体的或浮雕般的肌理效果。较为常见的再造方法：从平面化走向立体化，从具象走向抽象，从单一走向组合，从手工走向现代，从有序走向无序。

第一节　面料再造设计原则

面料再造与其他类型设计一样，都要遵循固定的设计美学法则，透过多种多样的形式探讨面料再造的设计规律和设计原则对服装设计系统化研究是非常有必要。面料再造不仅能够烘托服饰风格，突显设计特点，更能使服装与人体完美结合，增强服装设计的原创性和差异性。本节将从四个方面阐述在服装造型设计中如何恰当地运用面料再造设计原则和美学法则。

一、统一与变化

统一与变化是艺术设计中最为常见的美学法则。由于面料材质是进行面料改造的第一大要素，不同面料材质给人带来的视觉感受不同，把握好面料材质的统一是面料改造的基础和关键，从而增加面料在服装造型中的和谐美；而变化则是用不同的面料材质及改造手法打破原始面料的单一与沉闷，通过面料的不同形态、色彩、质感的差异性组合，增强美的表情化与情趣。

德国设计师品牌Kathrin von Rechenberg就是将中国天然香云纱面料的统一与变化运用到极致的典型例子。香云纱本身就是面料的创新设计，带有丰富的故事情节，每一寸面料都呈现出独立的个性和品质，是极具东方气质的面料载体。只要运用时尚、洗练的设计语言，就能充分展现她的独特韵味。例如，在其2020春夏高级时装研发中就突显了"备物致用"的设计理念，针对今年疫情和天气的特殊原因，设计师拿出珍藏20余年、幅宽仅有36cm的香云纱面料进行全新设计，运用巧妙的拼接和立体裁剪，深橘色和红棕色的正反肌理之美，无袖和不对称设计依形而造，呈现出独具个性的美感，诉说着面料带来的全新生命，亦是尊重每个工匠，把劳动灵魂投入每一毫厘香云纱中的惜物表达。多穿型设计方法不仅能为设计师提供更多灵感，提升服装本身的文化附加值，亦可在着装体验中让消费者感受"节用"的智慧和审美体验（图3-1）。

图3-1　德国设计师 Kathrin von Rechenberg 的香云纱服饰

二、均衡与稳定

均衡是指在特定的空间范围内，诸形式要素之间视觉力感的平衡关系。由于不同结构、比例、色彩、质感的面料给人的视觉感受不同，轻重关系也不一样，将均衡手法运用在面料再造中，打破过于统一的效果，产生活泼生动之感。

均衡分为对称平衡与不对称平衡两种。增强服装面料视觉上的稳定感可以通过改变不同面料的质感、色彩及面料肌理等因素来实现。例如，对称平衡给人以严谨、规整之感，但同时也会感觉呆板单调，可以采取面料再造的方式进行视觉上的节奏对比；而不对称平衡则需要通过色调调和产生视觉上的平衡。

美国2001年创立的汤姆·布朗（Thom Browne）品牌，设计师汤姆·布朗总是出其不意地在面料创意设计上大胆尝试。如在"浴血的玫瑰"这一系列中，怪诞与华美并存，有爱丽丝梦游仙境的美感。千鸟格和细格子图案的夸张垫肩西装，超现实的比例，看似循规蹈矩，却总超出想象。放大的肩部设计与收敛的腰线，强调女性的线条与魅力。花卉肌理面料成为点睛之笔，通过拥簇式、点状式、片状式等方式布局，呈现强烈的均衡感，且具有规整美和条理美。以此形成浮雕般的肌理感受，使整个系列服装设计拥有出众的视觉感受和辨识度，呈现优雅、复古、前卫、时髦的品牌风格（图3-2）。

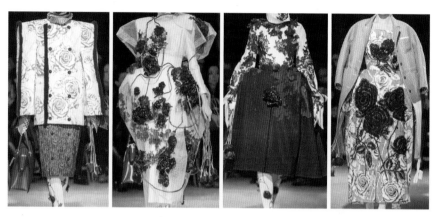

图3-2　汤姆·布朗的"浴血的玫瑰"

三、对比与协调

对比在服装面料再造中包括材质、色彩、形体、虚实、方向等方面的对比，其目的是增强造型要素的对立感。例如，在面料再造中，可通过打褶、层叠、抽丝、钉珠等技法完成立体化设计，给人以空间视错感或立体浮雕感，形成平面与立体的对比，使服装在造型上显得生动活泼、个性鲜明。而协调则是面料之间构成美的形态中的相互和谐，彼此接近。对比是强调差异感，协调是调和彼此的差异，两者是相辅相成的。因此，突出重点，增强变化，不仅能够形成视觉重心，同时避免视线游离不定，以此提高审美效果。

日本设计师川久保玲对面料再造方法的处理运用极为独特，她通常会将完整的面料进行撕破拼接，如撕毁的袖口、拉破的蕾丝等，这种被称为黑色破烂式的设计给人以极不协调的视觉冲击效果，从而达到一种矛盾之美，为后来的服装造型设计提供了丰富多样的灵感与创意。这种面料再造中的设计手法如果运用得当，既能颠覆流行，又能创造流行。类似这种减型处理的面料再造手法还有镂空、抽丝、烧花、割破、剪切、烧洞等方式，将面料的原始形态改变为有实有虚、交错有致的面料效果，与传统平整的面料结合后展现出强烈的对立感，不仅能突出设计重点，还能协调整体的造型风格，增强服装美感（图3-3）。

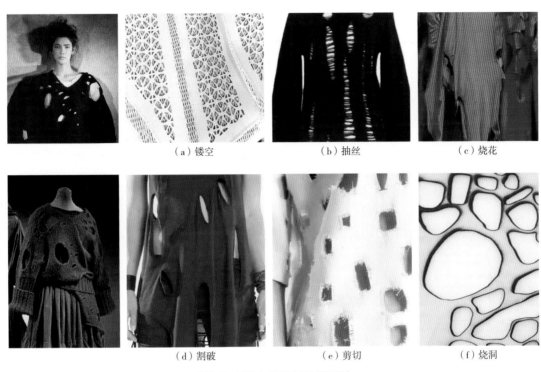

（a）镂空　　　　　　　（b）抽丝　　　　　　　（c）烧花

（d）割破　　　　　　　（e）剪切　　　　　　　（f）烧洞

图3-3　对比与协调中的减型设计

四、比例与分割

服装面料再造中的比例与分割包括面料的整体与局部以及局部间比例。比例法通常用多种手法进行灵活处理，其方法有钉珠与镂空、叠加与剪切、割破与透叠等。这种不同面料进行改造后呈现出的效果组合在一起，形成新的比例效果，使面料肌理表现出更加丰富的艺术效果，对服装造型之美有着画龙点睛的作用。而分割法则是打破面料原有的单调感，通过一定比例法则将面料用层叠、割破等形式分割处理，使服装在造型上呈现凹凸有致、连续交错的特殊视觉效果。

著名设计师约翰·加利亚诺通常利用面料再造进行综合处理，来表现自己的设计理念，传统面料通过比例分割的形式，加上新的特殊面料组合设计营造出复古风格。将面料作出特有的肌理，利用不同材质与色彩的对比，充分体现其个性化设计的精髓与内涵，使整个设计极具立体空间感，体现出服装的理性与和谐的美感。除此之外，意大利品牌缪缪（Miu Miu）在服装造型设计中的褶皱肌理和英国品牌克雷格·格林（Craig green）在服装上穿插编结的手法都是体现面料再造中比例与分割的经典之作（图3-4）。

服装面料创意设计

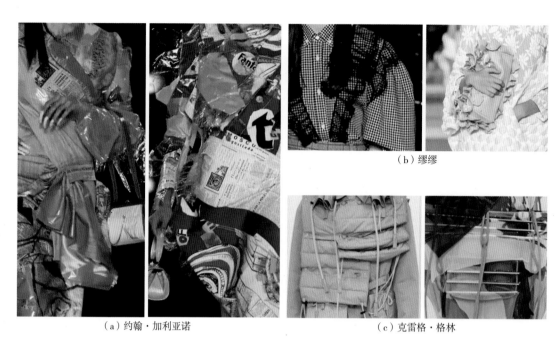

（a）约翰·加利亚诺

（b）缪缪

（c）克雷格·格林

图3-4　比例与分割中的面料、色彩处理

第二节　面料再造设计创意

　　面料再造与服装设计之间，具有相互促进、相互依赖和相辅相成的密切关系。面料再造可以触发设计灵感，设计灵感也可以促进面料再造。面对一个设计主题，随着面料再造灵感的涌现，服装的设计灵感也会随之涌现。面料再造的灵感来源，可以是生活的方方面面，最常见的创意来源，有自然形态、文化艺术、生活细节、加工工艺和构成形式等途径来进行构思和创作。

一、自然形态

　　自然界中的形态和物质，包括动植物、宇宙星宿、山河湖海、生物微观等物种现象都是服装面料再造最丰富最重要的创作来源。如斑驳墙面、树木年轮、岩石纹理、显微镜下的细菌等都能为面料肌理设计提供取之不尽的灵感，也为人类的艺术创作提供永不枯竭的灵感源泉（图3-5）。

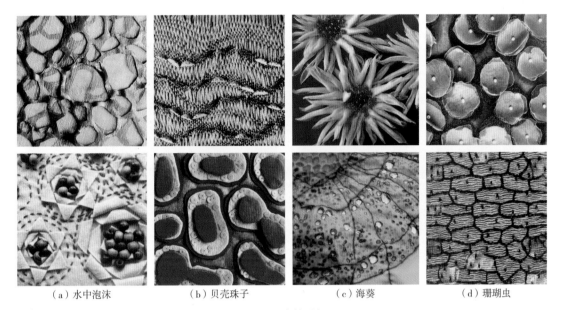

|（a）水中泡沫|（b）贝壳珠子|（c）海葵|（d）珊瑚虫|

图3-5 自然形态

二、文化艺术

文化艺术由时代、国家、地区和人的因素关系组成，包括自然风光、生存状态、意识形态、历史人文、社会变革、大众流行、特定事件等。中国文化艺术元素经过几千年历史的发展和沉淀，呈现出浓浓的中华民族特色和深厚文化内涵，是现代平面设计中较为流行的元素，如中西方绘画风格、传统吉祥纹样、民间手工艺等（图3-6）。

三、生活细节

生活中各种经验和细节都可以作为面料创意设计的灵感。例如，拼布文化源于生活，从传统中走来，在不断传承创新中，实现了由功能性表达到艺术性表达的转变，成为一种时尚艺术潮流。再如，人们生活中的节约态度，体现在对废旧牛仔衣物的再设计中（图3-7）。

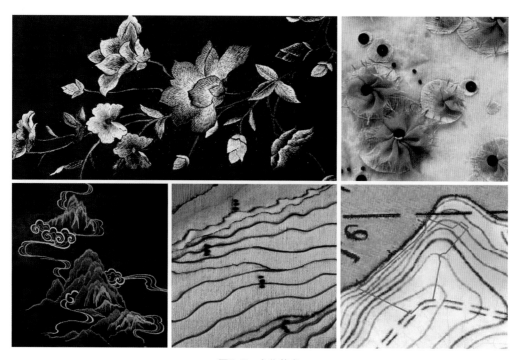

图3-6 文化艺术

图3-7 生活细节

四、加工工艺

从市场上直接购买的面料，就如从材料市场购买来的装修原材料，或从文具店购买的单管颜料，单独使用是可以的。但如果能经过设计师融入特定的主题思想，进行再设计、再搭配，才能更具独特性，更有灵魂。服装设计师依照自己的"灵感来源"对面料进行打褶、绗缝、破洞、洗水、编织等改造，使之产生了新的表面触觉肌理和视觉肌理，或使之变得破旧而产生四维的时间感等（图3-8）。

图3-8　加工工艺

五、构成形式

平面构成、色彩构成和立体构成是艺术设计的基础理论。平面构成是按照美的视觉效果，力学的原理，在二维空间进行排列和组合的方法。色彩构成是色彩在空间、量与质上的可变幻性，按照一定的规律去组合各构成之间的相互关系，再创造出新的色彩效果的过程。立体构成则是以点、线、面、对称、肌理来研究空间立体形态的学科，也是研究立体造型各元素的构成法则。应用三大构成中的点、线、面、体的相关知识，从灵感中抽取基本构成元素按照形式美的构成原理进行组合、拼装、构造，形成崭新的面料创意效果（图3-9）。

图3-9　构成形式

第三节　面料再造设计价值

　　服装廓型与款式创新在一定程度上受到工艺技术的制约，但服装面料一直在不断地创新中满足设计师和消费者的个性化需求，因此面料再造设计成为提升服装设计价值的重要途径。

一、面料再造提升产品竞争力

　　服装潮流的更迭与服装设计的创新，离不开面料的持续开发与创新，新颖的面料不需要过多设计，同时能给服装设计师带来更多的灵感。面料再造设计需要积累纺、织、染、整、美学、市场等多方面的相关知识，还要了解纱线特性、织造工艺等常识。面料再造更是提升服装品牌差异化和产品市场竞争力的利器。

二、面料再造提升服装经济价值

我国是纺织面料制造和出口大国，但不是时装品牌大国，从服装产业取得的利润也极其有限，这就是服装面料初加工带来的弊端之一。而经过面料再造设计的面料，价格是普通面料价格的几倍乃至几十倍，因此，面料再造能提升服装经济价值。

三、面料再造提升服装设计原创力

面料是科技进步的产物，也是提高服装科技附加值的重要部分。面料对于服装设计效果的表达非常关键。如果是原创设计师款式，那么对于面料个性化的要求更高。

四、面料再造提升服装可持续性

在"节约尚简"的时代背景下，时尚可持续概念融入服装设计全流程中，成为趋势。许多面料成本高、做工精湛的废旧高级成衣却缺少实用价值，通过局部的面料改造或小细节的处理就可以焕发生机。很多服装品牌已经开始注意到环境保护问题，并主动承担起社会责任，推出越来越多的环保服装。

本章小结

通过对面料再造设计手法表现的介绍，从物质形态，包括质感、量感、表现力等方面对面料进行再造设计探讨。了解面料再造设计的种类及常用工艺、减型设计和增型设计方法和面料钩编织设计、花型图案设计以及面料混搭再造设计方法。再结合造型要素等视觉语言多方面的综合分析，从而掌握面料再造设计的基本方式和途径。

思考题

1. 面料创意设计的基本原则有哪些？
2. 面料创意设计中的再造手法有哪些？
3. 常用面料创意设计的构思和创作灵感有哪些？
4. 面料再造设计的价值体现在哪些方面？

PART 4

第四章

面料创意
训练与方法

课题名称：面料创意训练与方法

课题内容：1. 平面到立体

2. 具象到抽象

3. 单一到多元

4. 手工到现代

课题时间：4课时

教学重点：面料创意设计训练途径和工艺方法。

教学难点：从面料形态重塑、面料加工方式、平面到立体、手工到
现代等层面分析面料创意训练的方法。

教学目标：1. 从面料形态重塑角度学习面料加工的三种途径。

2. 掌握肌理、纹理、视觉肌理、视触觉、加法设计、减
法设计、变形设计、纤维钩编技巧、综合设计等方法。

3. 掌握低成本材料到高价值产品时尚升级设计的方法。

教学内容：前期对服装材料的了解认识和对设计形式美法则的综合
学习后，对材料精准的选择和掌握各种工艺技法，掌握
面料创意训练流程与方法。

面料创意设计的构思方法、材料选取、元素提取、表现手法、系列设计的把控能力及在服装设计中的应用训练需要一定的知识积累和方法。前期的三大构成、服装工艺基础、服饰图案等专业基础课程的系统学习，为面料创意设计的学习提供必要性支持。可以运用加法、减法、变形法中的两种或两种以上的手法进行综合设计，也可以只运用其中的一种创意方法进行拓展设计。最终都需要运用到服装创意设计的整体方案、家纺文创设计方案中来，在实践中更要活学活用，融汇变通。

一、面料形态重塑

面料形态重塑主要是在于材质的肌理设计，就是在原有面料和其他辅助材料的基础上，运用各种手段进行立体体面的重塑和改造，使原有的面料在形式、肌理或质感上都发生较大的，甚至是质的变化，丰富其原有的面貌，拓宽了材料的使用范围与设计空间，这已成为现在很多设计师进行创作的重要手段。

二、面料加工方式

在服装设计实践中，设计师常常会把普通的面料经过再设计，创造出新奇别致的肌理效果。那么，这些创新肌理是如何实现的呢？面料形态重塑的造型手法和途径非常丰富，从加工原理上大致可以分为以下三种类型。

1. 改变材料的结构特征

改变材料的结构特征，通常可以采取镂空、剪切、切割、抽纱、烧花、烂花、撕破、磨洗等方法，使材质呈现空透的美或不完整的、破烂的残缺美。比如，倍受年轻人喜爱的牛仔面料常采用割纱、抽纱、磨洗等手法，以加强牛仔面料粗犷、豪放的意象。

2. 零散材料的整合设计

将零散材料组合在一起，形成一个新的整体，这样的整合设计可以创造出高低起伏、错落有致、疏密相间等新颖独特的肌理效果。比如，面料块或条拼贴时，或露出异色毛边，或用异色线带串连，形成跳跃的拼接纹理，或用点状连接件串连，使面料成镂空效果。运用线、绳、带等编织或编结的方法来组合材料也常见。

3. 改变原有材料的形态特征

通过抽褶、捏褶、缩缝、衲缝、车缝、压花等工艺手法，改变材质原有表面形态，形成浮雕和立体效果，并具有强烈的触摸感。比如，选用轻薄型或稍厚一点的丝型或毛型织物来抽褶、捏褶、缩缝，可以做出波浪、花朵造型；在原本平整光洁的面料上压出不规则的皱纹，可赋予服装粗犷、质朴的肌理美。

面料创意设计一方面要兼顾面料加工方法进行再设计，另一方面必须遵循服装形式美的基本规律和法则，如对称、均衡、对比、调和、节奏、比例、夸张、反复等。将技术、艺术、审美、功用等方面有机结合，强化面料本身的肌理、质感和色彩的变化，充分展示服装设计师对面料再造设计与服装设计两者之间的把握和调控能力（图4-1、图4-2）。

图4-1　通过各种褶的处理塑造服装廓型

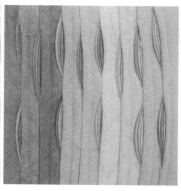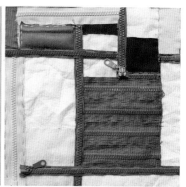

图4-2　设计法则的面料加工效果

第一节　平面到立体

　　对一些平面材质进行处理再造，用折叠、编织、抽缩、皱褶、堆积折裥等手法，形成凹与凸的肌理对比，给人以强烈的触摸感觉。把不同的纤维材质通过编、织、钩、结等手段，构成韵律的空间层次，展现变化无穷的立体肌理效果，使平面的材质形成浮雕和立体感。

一、肌理美

　　从设计的角度来看，肌理美在服装材料中最为重要。它不仅能表现生动的审美特点，还能丰富材质的形态，直接决定时尚外观设计的表达观念是否准确。世界著名时装设计师三宅一生认为：时装是一块神奇的面料。简单的一句话，却赋予服装材料非常重要的地位（图4-3、图4-4）。

二、纹理特征

　　正确使用各种材料的纹理特征，结合服装整体搭配要求，合理组织，充分展示各种纹理的魅力，对材料设计起着决定性的作用。准确把握材料的形成过程及装饰特征，有利于设计师设计思维的拓展，可加强服装表现力和感染力。总而言之，服装材料对服装造型的结果有着很大的影响（图4-5、图4-6）。

图4-3　肌理所呈现的服饰美感

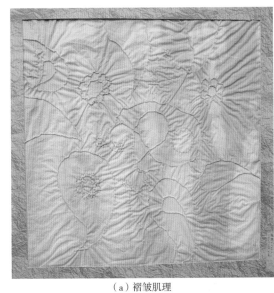

（a）褶皱肌理

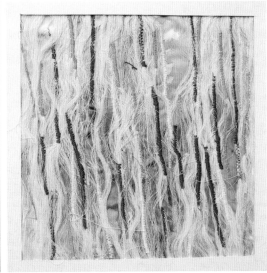

（b）条状肌理

图4-4　褶皱、拉毛、拼条的肌理表现

服装面料创意设计

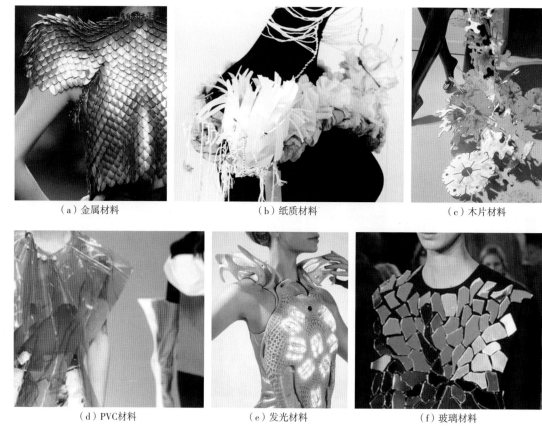

（a）金属材料 　　　　　　（b）纸质材料 　　　　　　（c）木片材料

（d）PVC材料 　　　　　　（e）发光材料 　　　　　　（f）玻璃材料

图4-5　不同材料的纹理特征

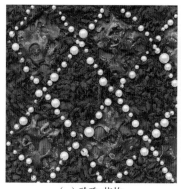 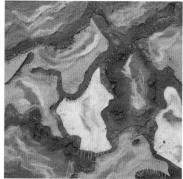 

（a）珍珠+烧灼 　　　　　　（b）毛毡+手针+拼贴 　　　　　　（c）树叶+烧灼+金丝线

图4-6　材料混合所营造的肌理效果

第二节　具象到抽象

运用提取、变形抽象、装饰等多种艺术表现形式，再灵活使用重复分割、渐变、回转、造叠、重合等多种构成手法，把抽象图形通过有规则或无序的排列组合，运用在面料材质上，使材质演绎出疏松有致的空间感、规则整齐或零乱交错的节奏韵律感。

一、视觉肌理

视觉肌理主要是指通过视觉对触觉肌理所产生出的一种心理感受，属于一种联觉作用。肌理的形成是由于物体的材料不同，表面的组织、排列、构造各不相同而产生的，如粗糙感、光滑感、软硬感。人们对肌理的感受一般是以触觉为基础的，但由于人们触觉物体的长期经验，以至于不必触摸，便会在视觉上感到质地的不同，又称为"视觉质感"（图4-7、图4-8）。

（a）柔软

（b）粗糙

（c）光滑

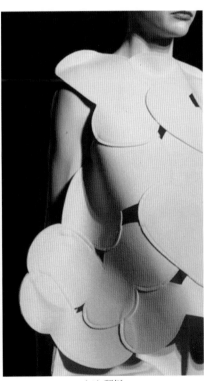

（d）硬挺

图4-7　视觉肌理所呈现的质感

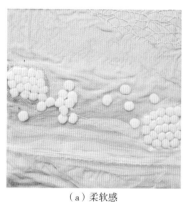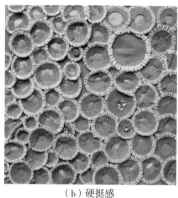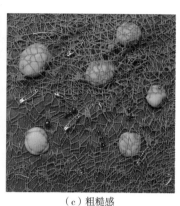

（a）柔软感　　　　　　　　　　（b）硬挺感　　　　　　　　　　（c）粗糙感

图4-8　不同材料所传递的质感

　　例如，照片或绘画等通过触觉经验与联觉，可以获得与实际物体表面肌理相同的触觉感受。在视觉艺术方面，主要是利用视觉肌理来进行表现的。除了像摄影照片或写实性绘画那样，在视觉上体现物体固有的肌理的方法以外，在造型表现方面，也经常利用不同工具和材料去表现不同的肌理和质感（图4-9、图4-10）。

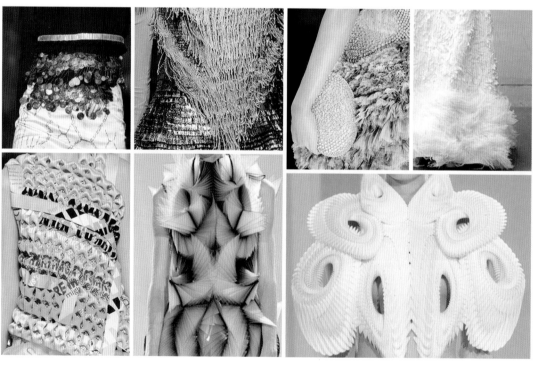

图4-9　不同材料的触觉经验和联觉

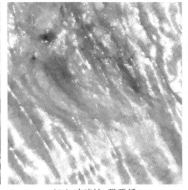

（a）抽纱+拼缀　　　　　　　（b）玻璃纱+戳戳绣　　　　　　（c）牛仔+破洞+植绒

图4-10　不同材料的肌理和质感

二、视触觉

在面料创意设计中，利用触觉肌理传达一定的信息内容，表现不同的感受，但由于需要大量的复制等原因，更多的方法主要还是使用视觉肌理，也就是通过视觉间接传达的视触觉来进行表现。可以利用各种颜料的不同性质和自身的特性，通过吹、流、刮、刻、擦等手法，利用各种工具，通过喷、撒、弹、转印等手法，创造出不同的肌理表现。要想创造出丰富的视触觉表现，就要不断地实践、探索和发现（图4-11、图4-12）。

图4-11　视触觉与技法融合

服装面料创意设计

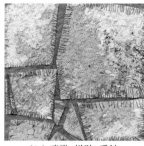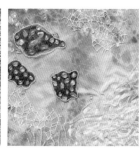

（a）手绘+镂空　　　　　　（b）喷撒+拼贴+手针　　　　（c）染色+珠子+镭射纱

图4-12　不同技法所营造的视触觉

　　通过视触觉表现有助于提高对形态的认知，可以增强信息的强度和丰富性，加深接受者的印象和记忆，进而提高视觉信息的质量，达到较完美的传达效果。视觉传达设计主要是通过视觉来完成的，但也不能忽视其他感觉在设计中联觉作用。所谓联觉，是指各种感觉在一定的条件下发生相互沟通的现象，是由一种已经产生的感觉引起另一种感觉的心理现象。视触觉的表现就是联觉现象的一种，因此联觉作用对于艺术设计尤其是视觉传达设计同样具有重要的意义。

　　例如，针织服装的设计表达尤为注重面料肌理的表现。在创作中加入强有力的面料编织肌理效果，也是增添视觉张力的最佳方法之一。我们常见的丹宁布也已经超脱了"粗斜纹帆布"的特性，有了更多创意的空间（图4-13、图4-14）。

图4-13　编织肌理效果增加视觉张力

（a）编织+针织

（b）编织+手针

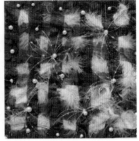
（c）编织+珠子+羽毛

图4-14　编织所产生的视觉张力

第三节　单一到多元

一、加型设计

　　"加型设计"也叫"加法设计"。"加型"是一种最常用的手法，将相同的或不相同的一种或多种材料运用不同的构成形式进行组合。例如，运用重复排列、渐变排列、发射排列、组合成正负图形、叠加、堆积等添饰的手段，而形成的立体的、和谐的、有层次的、有节奏的、有特殊肌理效果的、富有创意的服装面料。

　　加型设计是通过不同材料进行加法处理的一种形式，其手法是多种多样。单一的技法有绣、染、印、绘、拼、贴、缝、叠、堆、填、饰等十余种之多，如果是同时运用两个或多个技法和多种材料，它的变化就更丰富了，所以，在指导学生做练习时，应尽量引导他们按照手中的材料性能特点做各种尝试。一般是采用单独一种或两种以上的材质在现有面料的基础上进行黏合、热压、车缝、补、挂、绣等工艺手段，形成的立体的、多层次的设计效果（图4-15、图4-16）。

（一）刺绣

　　传统刺绣属于加法的一种，只是文中所说的绣更为广泛，如各种线绣、绳绣、带绣、珠绣、饰物绣，以及各种随形而变的面料再装饰绣都归纳为绣，并归为加法。在加法练习时，首先选择一块基布（底布），然后选择加进的材料，加进的材料可以是其他装饰材料，也可以是由底布材料设计再

图4-15　加型设计的个性化表达

（a）染色+拉毛+镂空+钉珠　　　（b）戳戳绣+拉毛+打籽绣　　　（c）定位褶+手针+拉毛+钉珠

图4-16　不同技法所营造的加型效果

造所得的新形态，按照构成原理及形式美法则进行组合排列。

　　刺绣既可以在服装完成之前进行，也可以在服装完成之后进行；它可以位于服装的某一具体的特殊部位，也可以作为一个整体的设计元素应用在服装设计中。刺绣有很多不同的工艺方法，比如挑绣、抽纱刺绣、绒线绣、手绣、十字针绣、机绣等，通常会点缀各种珠子、亮片等材料，根据主题创作出风格迥异的效果（图4-17）。

（二）戳戳绣

　　戳戳绣使用羊毛毡专用的戳针，将要造型的羊毛纤维摆成图案放在毛

图4-17 不同服饰风格上刺绣的应用

毡上，由于戳针前端有细小的钩状，用针反复穿刺，就可以将羊毛纤维与毛毡相互纠缠，从而固定在面料上，用这种方法制成的图案灵活随意，富有艺术性（图4-18、图4-19）。

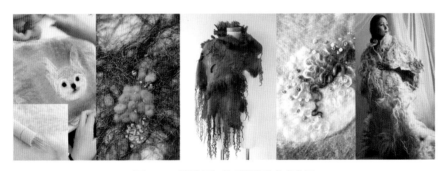

图4-18 戳戳绣与羊毛纤维的艺术效果

（a）戳戳绣+珠绣　　　　　（b）戳戳绣+乱针绣　　　　　（c）戳戳绣+打籽绣+拉毛

图4-19 拼接、烧边、植绒与戳戳绣结合

（三）珠绣

珠绣工艺是高级定制和高级成衣中最为传统和应用最为广泛的一种手工钉珠的方法。根据事先设计和绘制好的抽象图案或几何图案，把不同形状或大小的珠粒，经过专业绣工纯手工精制而成。珠绣主要有珍珠绣、玻璃珠绣、亚克力珠绣等（图4-20、图4-21）。

图4-20　珠绣广泛应用于高级时装

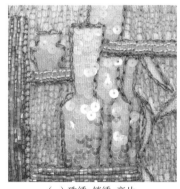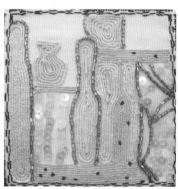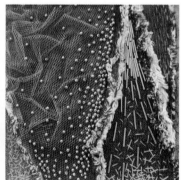

（a）珠绣+锁绣+亮片　　　　　（b）盘绳绣+亮片　　　　　（c）珠绣+拉毛+堆褶

图4-21　珠绣、盘绳绣、打籽绣等针法的综合运用

（四）贴花

贴花是把各种颜色与图案的布料剪成花样，贴缝在底布上的工艺，在传统刺绣中被称为"贴花绣"。由于贴花工艺精湛，色彩和纹理丰富，常常用于个性化服饰的细节处理或者高级定制的成衣，也被称为"华丽的补丁"（图4-22）。

图4-22 传统贴花的时尚表达

（五）植绒绣

植绒绣分为电脑绣花工艺和手工植绒工艺，是从纤维艺术创作手法中延伸到服装设计中的一种技法。植绒绣所表现的图案正面呈现立体效果，适合运用于国潮风格等创意服饰（图4-23）。

图4-23 植绒绣的广泛应用

（六）非遗绒花

绒花，谐音"荣华"，寓有吉祥、祝福之意。绒花由天然蚕丝和铜丝作为原材料制作而成，多用于旧时民间的民俗节事与礼仪装饰之中。绒花题材大多取自民间生活祥瑞符号，用以表达吉祥如意之意趣，绒花有九道制作工序，分别为：炼丝→染色→晾晒→勾条→烫绒→打尖→传花→粘花→包装（图4-24）。

（a）非遗绒花+戳戳绣　　　　　　　　（b）非遗绒花+染色+手针

图4-24　绒花材料和戳戳绣、植物染的融合

二、减型设计

减型设计是对现有面料进行镂空、烧花（烂花）、撕扯、抽丝、剪切、抽纱、磨砂等形式，使材质呈现空透的美或不完整的、破烂的残缺美，形成错落有致、亦虚亦实的效果。减法技法的训练要点首先是对材料性能的了解，才能进行相应的减法处理（图4-25）。

（一）镂空

市面上存在许多新型特殊材料能够产生镂空效果，有的或因纱线过于稀疏而易于推拨镂空，有的则因过密而适合剪缺抽纱起绒，有的化纤可以通过烧、烙，腐蚀后会出现新的肌理效果。例如，不织布、皮革类适合运用剪镂方法；化纤材料适合运用烧、烙等手法（图4-26）。

图4-25 减型设计营造差异化风格

图4-26 镂空的不同艺术效果

（二）烧花、烂花

　　烧花、烂花工艺属于面料形态的减型处理。按照设计构思和制作手法，通过剪刀裁剪雏形，后用打火机沿裁剪边缘进行烧边处理，保存其原始物理特征，按照创作主题进行多层叠加、拉毛、抽褶等后续处理，在视觉上呈现虚实相生、错落有致、亦实亦虚的效果（图4-27、图4-28）。

服装面料创意设计

图4-27　烧花、烂花工艺的艺术效果

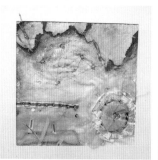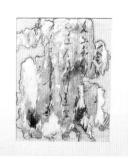

（a）烧花+珠绣　　　　　　（b）烧花+堆纱　　　　　　（c）烧花+手绘+染色

图4-28　烧花结合其他工艺的艺术效果

（三）撕扯

　　面料再造的塑型性决定服装的整体造型，对面料进行撕扯手法的处理能够表现个性化服饰风格。例如，机织面料可以根据其经纬纱的方向进行不同力度的撕扯改变其原始面料的平整度；具有弹性的涂层面料通过撕扯手法，可以使面料表面呈现凸凹不平的肌理感，更适合设计制作个性化服饰（图4-29）。

图4-29 撕扯手法所营造的个性化风格

（四）抽丝

抽丝手法是通过再造方式对面料的纹理、结构等元素进行改造的常见手法，通常应用于机织面料的创意设计中。例如，在牛仔服装的后期处理中经常使用，可以表达出雅痞风格、街头风格等小众的个性化服饰语言，如图4-30、图4-31所示的面料效果。

图4-30 广泛应用的牛仔布抽丝效果

服
装
面
料
创
意
设
计

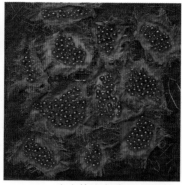
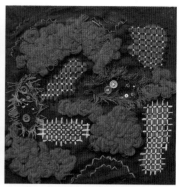

（a）抽丝 　　　　　　　（b）抽丝+钉珠 　　　　　　　（c）抽丝+手针+钉珠

图4-31　多种手法结合的抽丝效果

（五）剪切

剪切手法属于面料的减法塑形处理方式。选择剪切手法时，可以根据创作主体和面料特点来选择规则的几何形剪切或自由式剪切途径。剪切和叠加、拉毛、镂空、钉珠等多种加工手段同时运用的情况，灵活地运用综合设计的表现方法，可以使面料的表现更加丰富，创造出意想不到的视觉效果（图4-32、图4-33）。

图4-32　不同材质上的剪切手法表现

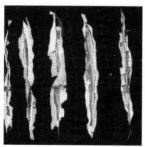

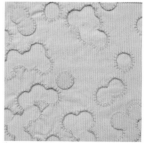

（a）剪切+透叠 　　　　　（b）剪切+钉珠+抽丝 　　　　　（c）剪切+手针+透叠

图4-33　混合应用的剪切手法

（六）抽纱

抽纱手法将机织布料的经纬纱有选择的抽取，使面料产生疏密有致的视觉效果，在稀疏之处还隐约露出放置其下的面料的颜色和肌理，抽纱手法会改变面料原始的静止感受，增加了面料的流动性，并表达出一种怀旧感（图4-34、图4-35）。

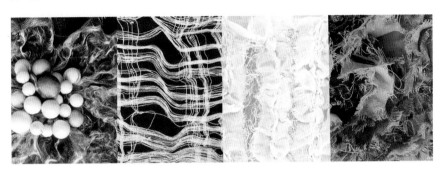

图4-34　对经纬纱进行抽纱处理

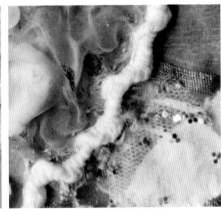

（a）抽纱+钉珠　　　　　　　　　（b）抽纱+填充+透叠

图4-35　多种手法融合的抽纱效果

（七）磨砂质感

磨砂手法是通过多种材料进行叠加所产生的视觉效果。无论是单个元素的重复，还是多个元素的透叠所产生的效果，都需要选择半透明的材质，如欧根纱、哑光PVC、网眼面料等，还需要考虑多个元素间色调的协调感，从而形成模糊、透明度和朦胧感的视觉和心理感受（图4-36）。

(a) 磨砂+填充

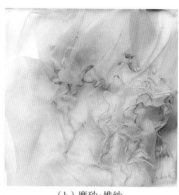
(b) 磨砂+堆纱

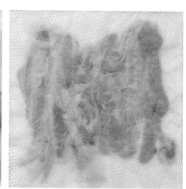
(c) 磨砂+透叠

图4-36　遮罩透叠所营造的磨砂质感

三、变形设计

变形手法是将面料经过皱缩、抽褶、捏缝、拧结、挤压等的变形处理后，使面料具有丰富变化的浮雕效果的创意手法。变形手法是丰富多样的，有的是有规律、有秩序的变形法，有的是自由、无规律的变化手法，不同的材料其效果也不同。例如，光感强的缎类面料在变形后，它的光泽度得到了强调，条形面料在变形后直线会变成曲线或折线，从而使面料产生了动感的变化和新的肌理效果。通透的纱型面料在变形中会出现透色叠彩的变化，给人一种轻柔的富有梦幻般的心理感受。

（一）褶皱

褶皱工艺是服装设计中常用的表现方式，从褶皱的种类来看，可以分为有序褶皱及无序褶皱两种。

1. 有序褶皱

通常指有规律的褶皱，常见的有烫压褶、定位褶、手工缩褶（图4-37、图4-38）。

（1）烫压褶：在纸样上预先设计褶量及褶纹，再在机器的外力作用帮助下，将面料压成褶量均匀的效果，褶痕严谨、精致且不易变形。

（2）定位褶：在制作过程中，将事先预留好褶量的裁片通过人工定位的方式暂时固定后，按缝份缝制并熨烫，褶量均匀。

（3）手工缩褶：在面料上预先设计钉褶位及褶纹走向，再用针线以手工打结方式将缩褶点缝合，褶痕不烫平，褶纹严谨、精致且不易变形。

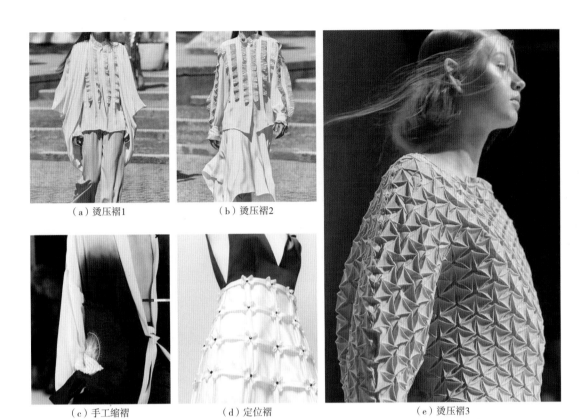

（a）烫压褶1 （b）烫压褶2 （e）烫压褶3

（c）手工缩褶 （d）定位褶

图4-37　有序褶皱的不同效果表现

（a）棉+定位褶 （b）蕾丝+手工缩褶 （c）皮革+烫压褶

图4-38　有序褶皱的艺术效果

2. 无序褶皱

通常指无规律较随意的褶皱，常见的有扭结褶、垂坠褶、碎褶、抽褶（图4-39、图4-40）。

（a）扭结褶　　　　　　　　　　　　　　　　　（b）垂坠褶

（c）碎褶　　　　　　　　　　　　　（d）抽褶

图4-39　无序褶皱的不同效果表现

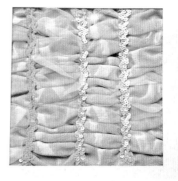

（a）碎褶+堆叠+钉珠　　　　　　　　　　（b）抽褶+亮片

图4-40　无序褶皱的艺术效果

（1）扭结褶：用单片或多片面料做出麻花状或者螺旋状的扭结，褶痕不烫平，形成的褶皱富有造型感又随意。

（2）垂坠褶：裁片宽度较大，面料披挂在身体上，自然形成的褶皱，随着人体的运动变化，自由而简洁。

（3）碎褶：在纸样上预先设计褶量，借助缝纫机缝成不均匀的碎褶；或者在立裁过程中，用手捏出不规则碎褶并固定，褶皱不烫平，褶痕细腻美观。

（4）抽褶：预先在裁片上设定好褶量，在制作过程中，通过抽线、放入细绳、缝制皮筋等方式做出面料收缩的效果，褶皱不烫平，褶痕自由灵活、可以调整。

（二）拧结

拧结手法属于面料再造的立体设计方式。拧结分为两种，一种是将织物按照预先的设想，通过揪起一点，或运用手针固定使其产生拧结的视觉肌理；另一种是根据服装造型的结构设计，结合立体裁剪手法进行翻转折叠处理后再固定的一种造型手法（图4-41）。

图4-41 拧结手法的广泛应用

（三）挤压

挤压手法是采用挤压力再造面料立体形态的造型方法，也是一种常用的变形不变量的面料再造的设计方法。线材、面材和体材都可以采用挤压的造型手法，实现富有张力的艺术效果（图4-42）。

图4-42　挤压手法富有张力的艺术效果

四、纤维钩编技巧

随着纤维编织工艺在创意时装中的大量应用，以不同质感的线、绳、皮条、带、装饰花边，用钩织或编结等手段，组合成各种极富创意的作品，形成凸凹、交错、连续、对比的视觉效果。编织是将面料打散裁条后按照不同的纹理织造方法重新编织衣片，让条状面料或者纤维错落有层次地交织在一起，形成新的面料。不同材质、不同粗细的纤维变换各种各样的编织手法产生丰富的视觉效果（图4-43）。

（一）平面编织

将织带材料有规律地进行经纬交错、叠压的一种呈现，可以根据织带材料宽窄变化、颜色变化、挑压关系变化，面料变换出多种图案如图4-44所示。

（二）绞丝编

绞丝编在经纬纤维交错的基础上将织带、皮条等材料扭转穿插后编织，分为规则编法和自由式编法，能够使材料表面产生丰富的立体效果。此编法是基本的平针编法，分两绞丝、三绞丝、四绞丝等。绞丝的根数越多，编织纹样便越厚、越结实，如图4-45所示。

图4-43 不同材料编织的服饰语言

（a）平面编织

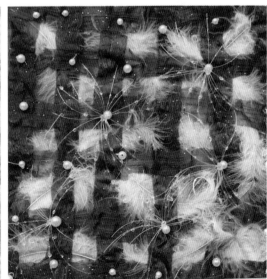

（b）平面编织+钉珠

图4-44 编织手法的不同演绎

图4-45　不同材质绞丝编的个性化应用

（三）流苏、编结

流苏和编结常常结合在一起使用，可以营造出丰富的视觉效果和肌理感，对烘托服饰整体风格起到至关重要的作用。当结饰编织完成后，在边缘部位加上流苏，会增添摇曳生姿的美感，使结形不单调，形成动静相宜、虚实相生的视觉美感，如图4-46、图4-47所示。

五、综合设计

综合设计是同时采用加型、减型、变形设计中的两种或两种以上的手法为综合手法。在进行面料创意设计练习时，可以使用单纯的加型、减型、变形法，也可以两种或多种方法并合运用。例如，在进行减型处理后，在减缺的轮廓线内外加上线饰，使单一的图形产生多层次的变化；又如，在变形的缎面上加上珠饰，能产生虚实的变化。诸如此类方法很多，在练习中只要稍加变动，灵活运用，便能得出迥然各异的视觉效果（图4-48、图4-49）。

图4-46　流苏和编结所营造的田园风情

（a）针织编织+流苏

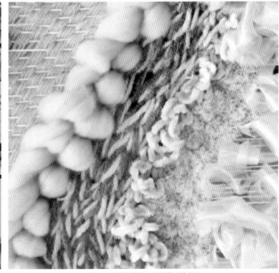

（b）毛线编织+植绒+抽绳

图4-47　不同材质的流苏和编结效果

图4-48　艺术时装中的多种技法的综合使用

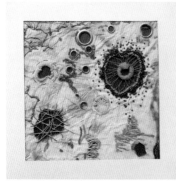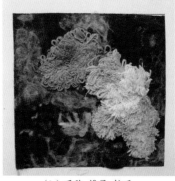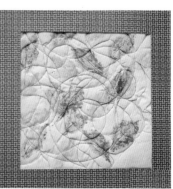

（a）镂空气眼+染色+手缝+钉珠　　　　　（b）毛毡+堆叠+拉毛　　　　　　（c）拓染+绗缝+染色

图4-49　加法、减法混合运用的艺术效果

第四节　手工到现代

　　传统的材质改造一般在衣襟、胸前、后背、袖口等部位，在平面材质上用绣、补、挑等方法，制作一些纹样图案，从而表示出不同的层次变化。现在，个性化的表现手法更加丰富，如在毛皮上打孔，在局部装饰珠串、流苏、仿金属片、塑料等，形成特殊的形式美感。

　　口罩作为一种卫生防疫用品已经成为我们生活的必需品，它的主要材料是非织造布（不织布、无纺布），在时尚可持续设计的趋势下，口罩已经超出了它本身的功能和造型，成为设计师进行创意设计的灵感和素材。如图4-50所示为基于白衬衣时尚升级改造概念下的原创设计，将黑色口罩通过拼缝、褶裥处理，钉以铆钉和金属链，营造出服饰优雅和朋克风格混搭的效果，个性突出，时尚感提升。

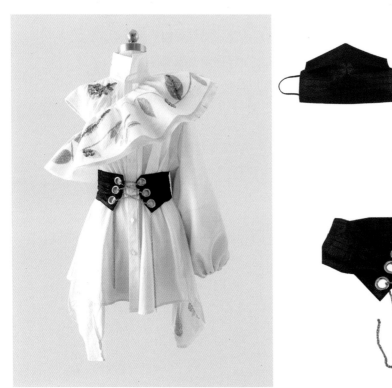
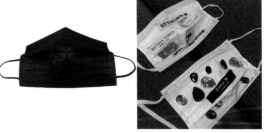
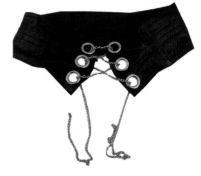

图4-50　非织造布在服饰设计中的应用

本章小结

从面料形态重塑、面料加工方式、平面到立体、手工到现代等层面，分析面料创意训练的方法的介绍，掌握肌理、纹理、视觉肌理、视触觉、加型设计、减型设计、变形设计、纤维钩编技巧、综合设计等方法。并将面料创意手法结合服装设计方法进行大胆的实践，在可持续概念下完成低成本材料到高价值产品的时尚升级。在前期对设计形式美法则，对材料精准地选择和掌握各种工艺技法，掌握面料创意训练流程与方法。

思考题

1. 理解面料、面料肌理和视肌理的含义和在服装设计中的表现。

2. 熟练掌握面料再造的加型、减型、变形、纤维钩编技巧、综合设计等手法。

3. 针对不同材料特性，精准选择不同材料和工艺技法。

4. 针对不同创意主题，掌握面料创意训练流程与方法。

PART 5

第五章

面料创意
塑造差异化风格

课题名称：面料创意塑造差异化风格

课题内容：1. 时装风格定位与梳理

2. 灵感捕捉与快速记录

3. 元素叠加与肌理改造

4. 破除传统与多维解构

课题时间：8课时

教学重点：通过对灵感捕捉的快速记录方法训练，面料再设计是创造差异化服饰风格的重要途径。

教学难点：灵感产生到快速记录的训练，面料再设计在服装上的创作应用方式。

教学目标：1. 理解快速记录与灵感捕捉的必然关系和训练方式。

2. 掌握在服装中叠加元素与肌理改造的技巧和方法。

3. 掌握在服装中破除传统与多维解构的技巧和方法。

教学内容：面料创意设计和服装差异化风格之间的内理性，掌握快速记录、捕捉灵感、服装设计中面料再设计的方法。

第一节　时装风格定位与梳理

　　服装风格的本质在于，它既是设计师对着装者独特而鲜明的表现结果，也是着装者对服饰艺术作品进行欣赏、体会、品味的结果，这也从某种更深层次的意义上揭示了艺术创作与艺术欣赏的本体特征，体现出现实世界与审美客体的同一性与无限多样性的辩证关系。真正具有独创风格的服饰艺术品能够产生巨大的艺术感染力，从而成功地将设计师个人的思想、情感、审美理想与着装者在喜好、趣味上发生碰撞，在文化精神层面不断延伸。

　　划分服装风格的角度很多，不同的划分标准赋予服装风格不同的含义和称呼。例如，经典风格和前卫风格，平民风格和贵族风格，东方风格和西方风格，民族风格和世界风格，怀旧风格和超前风格，嬉皮风格和雅皮风格，都市风格和乡村风格，等等。在此，我们主要从造型角度对风格做简要的划分和概述，可以把服装划分为八种风格。

一、经典风格

　　经典风格具有传统服装的特点，相对比较成熟且传统，能被大多数女性接受，讲究穿着品质的服装风格。经典风格比较保守，不太受流行影响，追求严谨而高雅，文静而含蓄，是以高度和谐为主要特征的一种服饰风格。正统的西式套装是典型的经典风格代表。

　　从造型元素角度来说，经典风格多用线造型，表现为分割线和少量装饰线，面造型相对整体，且没有太多琐碎的分割。经典风格的服装中较少使用体造型，烦琐的细节会与简洁雅致的调性相悖。服装轮廓多为X型和Y型，A型也经常使用，而O型和H型则相对较少。经典风格的服装色彩多以藏蓝、酒红、墨绿、宝石蓝、紫色等沉静高雅的古典色为主。面料多选用传统的精纺面料，花色以彩色单色面料和传统的条纹和格子面料居多（图5-1）。

图5-1　经典风格整体风貌

二、优雅风格

优雅风格具有较强女性特征，兼具有时尚感的较成熟的，外观与品质较华丽的服装风格。讲究细节设计，强调精致感觉，装饰较女性化，服装外轮廓较多顺应女性身体的自然曲线，表现出成熟女性脱俗考究、优雅稳重的气质风范，色彩多为柔和的灰色调。用料较高档。

夏奈尔（CHANEL）服装是优雅风格的典型代表。成名于第一次世界大战后的夏奈尔借妇女解放运动之机，成功地将原本复杂烦琐的女装推向简洁高雅的时代。夏奈尔品牌塑造了女性高贵优雅的形象，简练中现华丽，朴素但却高雅（图5-2）。

三、休闲风格

休闲风格以穿着与视觉上的轻松、随意、舒适为主，穿着者年龄层跨度较大，是适应不同阶层日常穿着的服装风格。

休闲风格的服装在造型元素的使用上没有太明显的倾向性。点造型和线造型的表现形式很多，如图案、刺绣、花边、缝纫线等；面造型多重叠交错使用，以表现一种层次感；体造型多以零部件的形式表现，如坦克袋、连衣腰包等。

休闲风格线形自然，弧线较多，零部件少，装饰运用不多，而且面感强，外轮廓简单，讲究层次搭配，搭配随意多变。

面料多为天然面料，如棉、麻等，经常强调面料的肌理效果或者面料经过涂层、亚光处理。色彩比较明朗单纯，具有流行特征（图5-3）。

图5-2　优雅风格整体风貌

图5-3　休闲风格整体风貌

四、前卫风格

前卫和经典是两个对立的风格派别。前卫风格受波普艺术、抽象派别艺术等影响，造型特征以怪异为主线，富于幻想，运用具有超前流行的设计元素，线形变化较大，强调对比因素，局部夸张，零部件形状和位置较少见，追求一种标新立异、反叛刺激的形象，是个性较强的服装风格。它表现出一种对传统观念的叛逆和创新精神，是对经典美学标准做突破性探索而寻求新方向的设计，常用夸张或卡通的手法去处理形、色、质的关系。

前卫风格在造型上可同时使用四种元素，在造型元素的排列上多样化，可以交错重叠使用面造型，可以大面积使用点造型而且排列形变化多样，也可使用多种形式的线造型，分割线或装饰线均有，规整的线造型较少。体造型是前卫风格的服装中经常使用元素，尤其是局部造型夸张时多用体造型表现，如立体袋、膨体袖等。前卫风格的服装多使用奇特、新颖、时髦的面料，如各种真皮，仿皮，牛仔，上光涂层面料等，不受色彩的限制（图5-4）。

图5-4　前卫风格整体风貌

五、运动风格

运动风格是借鉴运动装设计元素，充满活力，穿着面积较广泛，具有都市气息的服装风格，较多运用块面与条状分割，如拉链、商标等装饰。

从造型元素的角度讲，运动风格服装多使用线造型，常用对称造型，线造型以圆润的弧线和平挺的直线居多。面造型多使用拼接形式，而且相对规整。点造型使用较少，偶尔以少量装饰如小面积图案，如商标形式体现。运动风格服装中的体造型多表现为配饰如包袋等。

轮廓以H型、O型居多，自然宽松，便于活动。面料多用棉、针织或棉与针织的组合搭配等可以突出机能性的材料。色彩比较鲜明亮，白色以及各种不同明度的红色、黄色、蓝色等在运动风格的服装中经常出现（图5-5）。

图5-5　运动风格整体风貌

第二节　灵感捕捉与快速记录

　　面料是设计中必不可少的一部分，除了舒适性、功能性等物理感受和需求外，越来越多的设计师将品牌的差异化理念和艺术性理念聚焦到面料创意之上。面料创意设计体现的是"创造力"，也是"发掘新事物"的能力。由于思维、材料、技法、流行等因素同时渗透和融合在设计过程中，每个因素都具有可变性，每个因素之间又具有合作性和兼容性，由此而产生的诸多变化，使面料创意设计整个创作过程充满动态和不确定性（图5-6）。

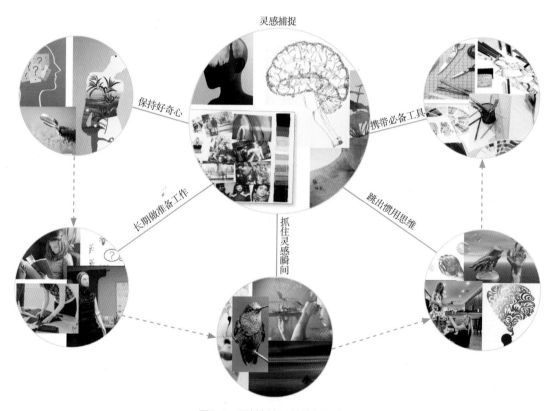

图5-6　面料创意设计的创作过程

一、灵感捕捉

（一）关于"灵感"

灵感生发的规律可以这样概括："长期积累，偶然得之。"这个"偶然"，按照许多人的经验，大抵出现在头脑放松之后。俄国画家列宾说："灵感是对艰苦劳动奖赏的结果。"可见，灵感的"偶然得之"，是以长期的"艰苦劳动"为根本条件的。灵感的生发过程也是一个由偶然到必然的过程：看似偶然，实则必然；"艰苦劳动"的"长期积累"，必然转化为"偶然得之"的"奖赏的结果"。

（二）学会捕捉灵感

1. 保持好奇心

保持好奇心，能带来积极的影响和行动；终身学习，可以提高自己的认知和多维思考能力。乐观的情绪容易使人浮想联翩，创造性思维活跃，灵感往往会在这时出现。

2. 长期做准备工作

灵感不是随便就能获得的，捕捉灵感的最基本前提是：对要解决的问题具有长期的思考和不懈的探索，从中获得经验性的积累，成功的经验和失败的经验都是进行创新思维的基础。

3. 抓住灵感瞬间

经验证明，灵感往往在经过长期积累之后，在比较放松的状态下产生。比如在听音乐、网上浏览、闲逛等轻松的时候，这个时候往往精神放松，对美好的事物容易产生共鸣和联想，因此，要善于抓住每一次灵感出现的机会。

4. 跳出惯用思维

按照固定的思维方式考虑问题，往往容易使思想僵化。这时需要换一个角度考虑，就可以摆脱习惯思维的束缚。

5. 携带必备工具

灵感往往是在不经意间出现。因此，为了及时捕捉灵感，就要时刻准备笔和纸以便在灵感出现的时候随时记录下来。

二、关于"快速记录"

快速记录能够让设计师快速地记录想法、灵感、思维过程、制作过程以及材料的收集等。通常情况下，很多处于学习设计阶段的同学却不善于随时把自己的想法记录下来，并作为后续设计的素材积累，导致在最终所呈现的作品只停留在视觉层面，而精神内涵不足的现象。所以养成快速记录的习惯对学习设计而言大有裨益。快速记录的训练流程如图5-7所示。

第五章　面料创意塑造差异化风格

085

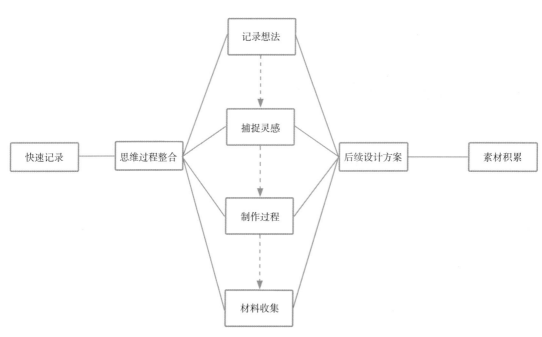

图5-7　快速记录的训练流程

（一）快速记录的特点

快速记录是捕捉灵感的最佳途径，能够让设计师大脑中突然迸发出的抽象的灵感快速地转换成视觉元素呈现出来。通过大量的调研记录、视觉元素的积累和对于元素的推演，最终提取最好的创意进行深化。

（二）快速记录的方法

1. 文字整理

通常在设计前期，会做大量的市场调研，所调研的内容包括一切媒介的图文信息和资料。"关键词提取法"是创意思维中惯用的方式，将能够引起创作灵感的关键词通过思维导图的形式结合设计流程呈现。一方面，有利于烦冗信息的整理；另一方面，有利于探寻图文信息中的关联性，帮助设计师拓展出新的创新点，从而获取更多的创意途径。

2. 手绘图文

手绘图文的快速记录方法类似于常见的手账形式，但不用考虑版面布局。记录时会更加随意，重点在于将一些文字信息快速地转化为视觉图形，帮助设计师迸发出多个想法，并且快速地在脑海中转化成图像，及时地画下来会保留更多的最初的想法，作为随时翻阅的设计素材，从而不会错过每一次的灵感收集。

3. 图片拼贴

每一项设计实施前，都需要通过大量的图片资料做视觉调研。把一些有价值的视觉参考图片剪贴到速写本上，在粘贴到过程中，也可以将一些有趣的元素进行组合，制作拼贴画，并辅以关键词描述，有助于激发更多的创作灵感。

4. 材料收集

在资料收集整理过程中，还需要留意身边的各种材料，如一些废旧生活用品、非服用材料等，把目光从服装面料市场拓展到建材市场、生活超市、二手市场等。无论是在调研阶段，还是在成品制作阶段，都可能发现一些之前从未了解的材料。条件允许的情况下也可以尽可能地收集它们并且进行分析和选择。

快速记录在设计过程中是非常重要的环节，无论是记录调研、视觉实验、绘制草图等，都可以很完整地记录整个设计作品的创作过程，使作品更具有逻辑性和说服力，同时也可以展示个人的创意能力（图5-8）。

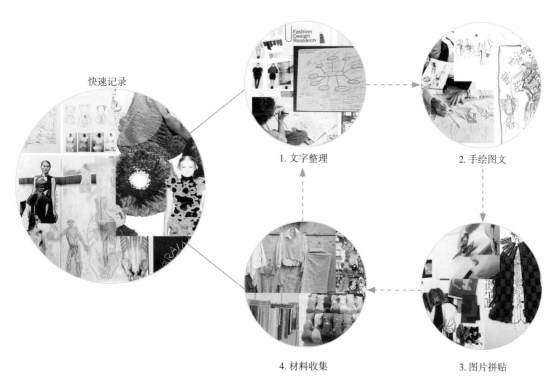

图5-8 材料收集及关键信息提取

第三节 元素叠加与肌理改造

　　叠加手法是指通过多层面料的重叠来营造服装表面的立体造型，形成一种交叠又互相影响的立体空间。面料元素可以是单一的，也可是多种组合的。最关键的是"增量"的设计和"增加"的操作方法，可采用同种面料或多种不同面料叠加的手法来进行。不同的纺织品上通过曲直、正反、粗细、长短、凹凸、虚实、有无的方法对比，让服装变得丰富且具有分量感，获得较为突出的外观装饰效果。运用叠加手法时，一定要注意面料层次之间的变化和重量、体积之间的平衡。

一、叠加元素

　　叠加手法一直广泛受到服装设计者、消费者们的关注和青睐。例如，设计师约翰·加利亚诺所设计的"多层风貌"时装的造型，就曾利用同种或不同种面料的叠加表现了细致的光影变化，使服装产生了有序的梯变效果，如图5-9（a）所示。世界级高级定制和高级成衣设计师华伦天奴（Valentino），也曾经对光泽感面料和亚光面料拼接在统一造型整体上的尝试，在服装界引起轰动，如图5-9（b）所示。

（a）约翰·加利亚诺与他的设计　　　　　　　（b）华伦天奴与他的设计

图5-9　高级定制中的"叠加元素"

二、肌理改造

面料肌理改造满足了当下服装面料多样化的发展趋势，迎合了时代的需求，丰富了普通面料和大众服饰的个性化时尚升级，满足了现代服装审美特征和注重个性的价值要求（图5-10）。

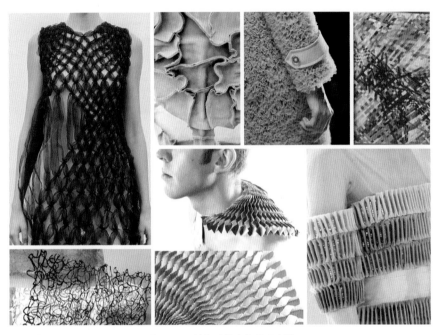

图5-10　创意时装中的肌理改造

第四节　破除传统与多维解构

一、破除传统

服饰面料肌理的再造依赖于色彩、材质和图案这三个主要载体。将具象、抽象、几何形态等不同风格题材采用染、绘、印等手法来表现，使服装材质的视觉魅力和艺术感染力得到了升华，丰富了服装的层次感，增强了材质的艺术装饰表现力，如图5-11所示。

服
装
面
料
创
意
设
计

图5-11　破除传统的面料肌理

二、多维解构

在服装的局部进行面料肌理再造，可以起到画龙点睛的作用，也能更加鲜明地体现出整个服装的个性特点。服装设计时要，整体考虑风格引导下的款式与面料以及再设计后的面料三者之间相互协调的作用，这样才能使再设计的面料自然融于整体风格的美感之中。值得注意的是，同一种服装面料再造艺术运用在服装的不同部位会有不同的效果。面料肌理在服装设计中多维解构大致有以下六种途径：

（一）面料肌理在服装边缘部位的运用

边缘部位指服装的门襟边、领部、袖口、口袋边、裤脚口、裤侧缝、肩线、底边等。在这些部位进行服装面料艺术再造，可以起到增强服装轮廓感的作用，通常以不同的线状构成或二方连续的形式表现，如图5-12所示。

图5-12　服装边缘的面料肌理效果

（二）面料肌理在胸部的运用

　　服装的胸部运用立体感强的服装面料艺术再造，具有非常强烈的直观性，容易形成鲜明的个性特点。男装正式礼服中的衬衫经常在胸前部位采用褶裥，精美而细致，个性鲜明，如图5-13所示。

图5-13　胸部的面料肌理效果

（三）面料肌理在腰部的运用

此部位的设计能在视觉上给人提胸束腰的视觉效果，散发古典美感。恰到好处的面料肌理不仅使女性的柔媚展现得淋漓尽致，更能将服装的质感表露无遗。运用于腰部的面料肌理最具有"界定功能"，其位置高低决定了穿着者上下身的比例（图5-14）。

图5-14　腰部的面料肌理效果

（四）面料肌理在背部的运用

服装的背部装饰比较适合采用平面效果的服装面料艺术再造，过于冗杂的背部肌理效果会使服装失去灵力，穿着者的精神面貌会因此受到影响（图5-15）。

（五）面料肌理在下装部位的运用

与面料肌理再造用于上装相比，将再造的面料肌理用于女性的下装部位的概率要小得多。下装面料肌理通常不宜过于复杂与细腻，以平衡式布局为主，部位基本选择侧面或整体运用（图5-16）。

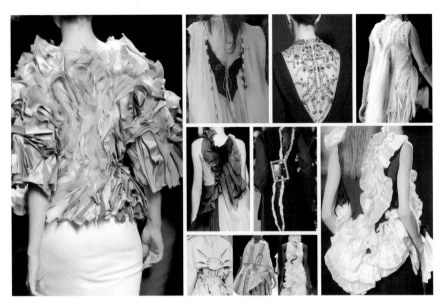

图5-15 背部的面料肌理效果

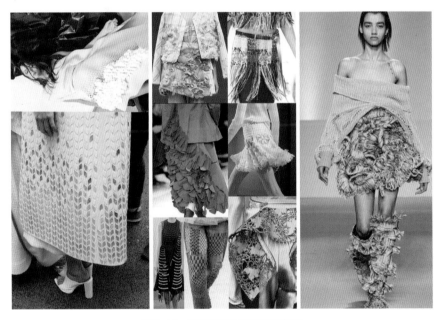

图5-16 下装部位的面料肌理效果

（六）面料肌理在内外结构上的运用

不同的面料肌理影响着服装的裁剪制作工艺、基本风格和表现形式。面料肌理的再造和解构服饰设计共生共存，随着小众化服饰的流行，设计师们善于将传统服装结构打散重构，通过正反面不同的面料肌理来表达独树一帜的服饰风格（图5-17）。

图5-17 外部结构上的面料肌理效果

本章小结

面料创意设计是服装设计师和服装品牌个性化表达和差异化区分的重要的表现途径之一。理解快速记录与灵感捕捉的必然关系，从灵感产生到快速记录、关键图文信息提取，创作应用方式。对服装中叠加元素与肌理改造的技巧和方法的掌握，有助于理解服饰风格之间的关联性，从而形成面料创意设计和服装设计一体化的思维范式。

思考题

1. 常见的时装风格有哪些？在造型元素面辅料、配饰等方面有何特点？
2. 如何在面料创意设计前期训练快速记录与灵感捕捉的能力？
3. 面料创意设计中元素叠加的表现和效果有哪些？
4. 面料创意设计中多维解构的途径有哪些？请举例说明。

PART 6

第六章

面料创意
引领可持续时尚

课题名称：面料创意引领可持续时尚

课题内容：1. 面料创意与着装选择

　　　　　2. 面料创意与消费趋势

　　　　　3. 面料创意与生活方式

　　　　　4. 面料创意与可持续设计

课题时间：12课时

教学重点：面料创意对着装风格、消费趋势、生活方式、可持续时
　　　　　尚的重要影响。

教学难点：探讨面料创意设计对服饰领域相关影响和趋势，启发用
　　　　　可持续发展观进行深入研究。

教学目标：1. 掌握面料创意与着装风格之间的关联性。

　　　　　2. 掌握面料创意与消费趋势相互影响关系。

　　　　　3. 探讨面料创意对生活方式的影响原因。

　　　　　4. 探讨面料创意是可持续设计和生态时尚的具体表现。

教学内容：从面料创意与着装选择、消费趋势、生活方式、可持续
　　　　　设计及生态时尚等之间的关系，提升课程学习的挑战
　　　　　度、创新性和启发性。

第一节　面料创意与着装选择

在可持续时尚的趋势下，纺织服装领域致力于再想象、再利用、再创造一切可再利用的纺织物。针对研发和生产过程中产生的库存面料和零散面料，设计师们力求最大程度减少资源浪费，对面料进行创意再创造、再开发，将其打造成生活艺术品，还可以通过跨界合作等形式，不断推出兼具设计感和实用性的新产品，赢得消费者的喜爱。

一、华丽古典风格服装与面料选择

华丽古典风格是以高雅而含蓄与高度和谐为主要特征的，不受流行左右，具有很强的怀旧、复古的倾向。这种风格强调完美无瑕的设计语言，风格严谨，格调高雅，通过廓型、结构、材质、色彩、装饰、工艺等各种近乎完美的设计制作，彰显出着装者的衣着风尚和审美意志。

华丽古典风格服装在面料的选择上常采用的如塔夫绸、天鹅绒、丝缎、绉绸、金银丝绒、乔其纱、蕾丝等材质，高贵的品质感是选材的重点。在制作中再配合精致的手工，如刺绣、镶嵌等，营造出格调高雅的古典风格（图6-1）。

(a) 塔夫绸面料　　(b) 天鹅绒面料　　(c) 丝缎面料　　(d) 绉绸面料

(e) 金银丝绒面料　　(f) 乔其纱面料　　(g) 刺绣工艺　　(h) 镶嵌工艺

图6-1　华丽古典风格及面料选择

二、柔美浪漫风格服装与面料选择

柔美浪漫风格是近年来流行女装的主流风格，展现出甜美、柔和富于梦幻的纯情浪漫女性形象。反映在服装上是柔和圆顺的线条，变化丰富的浅淡色调，轻柔飘逸的薄型面料，循环较小的印花图案，以及泡袖、花边、绳边、镶饰、刺绣等精致的工艺。

柔美浪漫风格服装在面料的选择上常采用柔软、平滑、悬垂性强的面料，如乔其纱、雪纺、柔性薄针织物、天鹅绒、丝绒、羽毛、薄纱及蕾丝、经特殊处理的天然质地织物、仿天然肌理织物等。配合彩绣、珠绣、印花编织、木耳边等细节处理，充分表现女性柔美与浪漫的形象（图6-2）。

（a）雪纺面料　　　　（b）柔性薄针织物　　（c）丝绒面料　　　　（d）薄纱面样
　　　　　　　　　　　天鹅绒面料

（e）彩绣工艺　　　　（f）珠绣工艺　　　　（g）印花编织工艺　　（h）木耳边工艺

图6-2　柔美浪漫风格及面料选择

三、田园清纯风格服装与面料选择

田园清纯风格的设计，是反对虚假的华丽、烦琐的装饰和雕琢的美，而追求一种不要任何虚饰的、原始的、淳朴自然的美。田园风格的服装，以明快清新具有乡土风味为主要特征，自然随意、宽大舒松的款式，天然的材质，大自然的色彩，表现出轻松恬淡的、超凡脱俗的情趣。

　　田园清纯风格服装在面料的选择上常采用棉、麻、丝等纯天然纤维面料。例如，小方格、均匀条纹、各种美丽花朵图案的纯棉面料，棉质花边、蕾丝、蝴蝶结、镂空面料等都是田园风格中常见的元素，加上植物纤维宽条编织的饰品，丰富的肌理效果，粗犷的线条，田园风格十足（图6-3）。

| （a）小方格图案 | （b）均匀条纹图案 | （c）棉质花边元素 | （d）蕾丝元素 |

| （e）蝴蝶结元素 | （f）镂空元素 | （g）天然皮革宽条编织饰品 | （h）植物纤维窄条编织饰品 |

图6-3　田园清纯风格及面料选择

四、都市制服风格服装与面料选择

　　都市制服风格服装裁剪一般比较简洁，板型风格硬朗。服装带有明显的制服细节，如肩章、数字编号、迷彩印花、多袋裤装，腰带、背带及制作精细的纽扣装饰等。讲究实用，注重功能性，尽显干练、潇洒的阳刚之美。

　　都市制服风格服装在面料的选择上，多采用质地硬挺的面料。例如，洗水的牛仔布、洗水棉、卡其、灯芯绒、薄呢、皮革等，军绿、土黄色、咖啡色、迷彩为常用配色，配合金属扣装饰物、拉链、排扣、多袋口及粗腰带，营造帅气利落的都市风格（图6-4）。

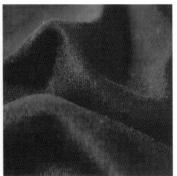

（a）洗水的牛仔布面料　　　　　　（b）灯芯绒面料　　　　　　　　（c）薄呢面料

（d）军旅都市制服风格　　　　　　（e）经典都市制服风格　　　　　　（f）摩登都市制服风格

图6-4　都市制服风格及面料选择

五、前卫风格服装与面料选择

前卫风格服装以否定传统、标新立异、创作前人所未有的艺术形式为主要特征。它表现出对传统观念的叛逆和创新精神，是对经典美学标准做突破性探索而寻求新方向的设计。前卫风格多用夸张及卡通的手法，或标新立异的设计理念，或造型怪异，或诙谐幽默的设计语言，以此表现出对现代文明的嘲讽和对传统文化的挑战。

前卫风格服装在面料的选择上，设计师一般常应用对比思维和反向思维，打破视觉习惯，以寻求矛盾的美感为主导思想，把毛皮与金属、皮革与薄纱、镂空与实纹、透明与重叠、闪光与亚光等各种材质组合在一起，给人产生"为之一震"的感觉。例如，运用现代高科技的手段，采用透明的塑胶、光亮的漆皮，创造令人不可思议的未来感服装，表现出对未来的无限畅想（图6-5）。

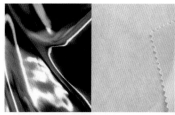

（a）毛皮与金属面料

（b）皮革与薄纱面料　　　　（c）透明的塑胶成衣　　　　（d）光亮的漆皮成衣

图6-5　前卫风格及面料选择

第二节　面料创意与消费趋势

近年来，消费者对服装面料的选择越来越受生活方式的影响。生活方式的多样化，也导致消费者对面料的需求变得更加多元化。同时，新技术的发展也在不断推动着面料产业的创新和变革。跨界设计也对面料设计带来更多的可能，催生了各种元素混搭的可能性，随着设计师把控艺术与市场能力的成熟，更加擅长运用面料肌理风格营造服装品牌形象，并创意设计获得市场价值。

随着人们对环保意识的加强，对服用材料的要求也逐渐从柔软舒适、透湿透气面料、防风防雨防污面料等扩展到防霉防蛀、防臭、抗紫外线、防辐射、阻燃、抗静电、保健无毒等功能性及环保方面，而各种新型面料的开发和应用以及新工艺新技术的发展，使得这些要求逐渐得以实现。功能性家用纺织品是指具有特殊功能的家用纺织品，比如安全功能、舒适功能、卫生功能。

从社会身份、审美偏好、穿着搭配认知、购买价值倾向、决策习惯等角度来看，处于不同维度的消费者对于服装款式的需求是不同的。除了款式之外，面料设计是决定消费者选择服装的重要决定因素之一，面料趋势代表了纺织上游产业链，而判断面料趋势，必须要结合上游的产业逻辑和品牌市场的运营、再加上消费者需求来综合判断。不同消费人群对面料创意的需求不同、认知也不同，但大的方向不会改变（图6-6）。

图6-6　多元融合的面料创意和消费趋势

面料创意与消费趋势的表现主题体现在四个方面，即：现代服装消费观念，消费趋势的判断，面料创意结合市场和服装企业中的环保理念。

第一，现代服装消费观念。与20世纪的消费者相比，现在消费者环保意识的增强，更倾向于选择由可再生材料制成的面料。同时，消费者更加重视面料的健康和舒适性，更加关注面料对皮肤的影响，倾向于选择柔软、透气、吸湿排汗的面料。再者，生活方式的多样化，促使消费者对服装具备多功能性的需求不断攀升。消费者希望服装适用于不同的场合和活动，并提供便利和实用性。在现代服装消费观念中，品质也是一个非常重要的考量因素，品质与价位的匹配程度决定了消费者的消费欲望。

第二，消费趋势的判断。可以从社会身份、审美偏好、大众生活观察、穿着搭配认知、消费者的记录、消费者的语言、购买价值倾向、社会趋势、产品所处市场以及决策习惯等角度来分析消费趋势的判断。处于不同维度的消费者，对于服装的需求是不同的，消费趋势是一个极其复杂又确定性不强的判断。判断消费趋势的方法，通常结合上游的产业逻辑和品牌市场的运营，参考消费者需求，最后进行综合判断。而消费者的消费偏好则最为集中地体现在款式和面料设计上。

第三，面料创意结合市场。面料创意并非天马行空的自由发挥，一定要结合市场。需要深入了解目标消费者需求，进行面料创新、产品研发与制造，并进行有效的市场推广和宣传，从而实现创意面料与市场需求的有机结合，创造出具有独特价值和竞争力的产品。不同消费人群对面料创意的需求不同、认知也不同，但大的方向不会改变。消费者在不同穿着场景下，人性化的设计、舒适性面料设计、功能性需求和个性美感共存及舒适度与面料肌理共存等效果都会成为市场卖点。

第四，服装企业中的环保理念。服装消费观念的转变，能够为服装制造业带来新的机会，同时，也能够不断推动着面料产业的创新和变革。消费者对可持续性面料的需求不断增加，这反映了人们对环境的担忧以及对社会和环境责任的认识，在发生购买行为的同时为生态环境做出了力所能及的贡献。服装企业为了适应消费者生活方式的转变和市场大环境，不仅需要生产附加值高的服装，还要在生产过程中加强环保理念，并且将这一理念贯穿于整个服装生产链中，这样对企业的长期发展和可持续性具有积极的影响，可持续发展将成为塑造未来品牌差异化的重要价值驱动因素。

近年来，时尚行业的发展趋势发生了改变。品牌理念逐渐转变为以环保和可持续为代言，而非仅吸引消费者的购买欲望。在设计和制造服装时，致力于打造从采购、生产、消费者使用到回收的低碳全价值链，助力社会可持续发展。

第三节　面料创意与生活方式

在现代服装消费观念中，消费者在追求外在服饰审美的同时也在寻求内在的身份认同。对于许多人来说，服装是表达自我身份和文化认同的重要方式之一。穿着符合自己所属文化群体的服装，不仅可以与群体内的其他成员建立联系和认同感，还能够在文化多样性的社会中展示个人身份和价值观，有助于传承民族文化，弘扬民族精神。随着个性化和定制化的服装需求的不断增加，消费者希望通过选择特殊的面料来突显自己的风格，同时，也会乐于接受定制服务或自己动手DIY服装的创作过程。例如，在这种趋势下应运而生的"DIY服饰体验馆"，消费者可以在基础款T恤、卫衣、外套等单品上，自由选择、组合搭配，并印刷图案于服饰中，从而实现服饰独一无二的个性化定制效果。

近年来，一些快时尚品牌的发展趋势发生改变，品牌理念从以提高消费者的购买欲望为目的制造款式多样价格低廉的服装，转变成为品牌为环保代言。促进服装面料的可持续发展除了对废旧面料回收再利用，充分利用服装制作过程中的边角料进行面料创意设计使其增值，应运而生的旧衣改造专业服务机构受到广大消费者的青睐（图6-7）。

图6-7　衣物回收计划

第四节　面料创意与可持续设计

与20世纪的消费者相比，现在消费者的环保意识更加强烈。千禧一代选择服装时会考虑面料的环保性，即使价格稍贵，也愿意为环保买单。此外，他们对儿童服装面料所含成分更加关注，希望儿童服装以及贴身用纺织品天然无害。这种观念的转变，为服装制造业带来了新的机会，消费者在发生购买行为的同时也对生态环境做出了力所能及的贡献。

一、绿色设计与可持续设计

绿色设计、生态设计的无限延伸，强调自然环境的可持续，关注社会发展的可持续，在社会发展和自然环境之间寻找和建立一种平衡的关系。可持续设计虽与绿色设计有着相同的本质，但范畴包括得更加广泛。可持续设计概念涵盖自然环境的可持续和人类社会发展的可持续。

二、循环使用的面料与服装

新型涤纶或复合纤维可以通过回收再熔解后重新制造成新的面料。对于二手衣服，可以通过再次设计及加工，制造成箱包，或者其他服装配件等。例如，英国的一家服装公司就曾经将铁路职工的制服重新加工后制作成时装包，然后发放给职工。可回收材料也成为纺织材料发展的趋势，不改变物质形态就可以直接使用的材料，或通过改变物质形态就可以回收的可回收材料（图6-8）。

三、零浪费

零浪费（Zero Waste）是一套以预防和终止浪费为重点的指导原则，鼓励重新设计资源生命周期，以便所有产品都能重复使用。众所周知，在服装生产过程中，裁剪面料时总会有面料被浪费，在"零浪费"理念下，新型的制板技术和裁剪方式，成为可持续设计的一种主要途径，也有设计公司专门利用废布料加工服装或者配件。零浪费的意义在于大规模改变物质在社会中流动的方式，从而不产生危害环境的废弃物。不仅包括通过回收

服装面料创意设计

■ 可 回 收 材 料

使用回收聚酯材料制作而成的保温填充材料和外壳，打造100%回收的环保服装。
采用回收材料制作的拉链、纽扣、甚至缝纫线能够全方位打造环保服装。

DESCENTE 100%可回收聚酯纤维外套

3D打印

DESCENTE 100%可回收聚酯纤维外套

YKK 环保拉链

A&E 生态环保工业缝纫线

再生棉

图6-8　可回收材料和循环使用面料

和再利用来消除浪费，更专注于重组生产和分销系统以减少浪费。

Vitelli是由创意工匠Mauro Simionato携手针织设计师Giulia Bortoli创立于2016的意大利本土品牌，采用零浪费生产将环保理念贯彻到底。该品牌使用来自意大利各地的再造纱线和滞销品制造每一件作品，因此品牌在设计过程中不会丢弃任何剪裁或修剪。Vitelli的产品完全由针织业废弃的材料制成，否则它们的宿命将是垃圾填埋场。这些材料被加工成传统的机织物或针刺织物，用于制作品牌特有的毡制材料Doomboh，最后生产出精致、原始、带有织物触感的成品（图6-9）。设计团队首先会将废弃的织物和纱线收集回来升级成可再次利用的面料，而后利用独创的Doomboh针刺法，将多种面料拼接，缝制呈现不同风格的创意服饰。Doomboh柔韧、略带毛毡、纹理精美，带有一种大理石般的多色效果，被悬垂、扭曲和"塑造"成富有想象力的无性别形状（图6-10）。

图6-9　"零浪费"概念下的废料升级改造过程

图6-10　废料时尚升级制成的时装

四、产品寿命及可维护性

　　服装产品周期如同一个生命现象，从孕育到产生再到消失。服装面辅料应当尽可能减少后期护理成本，消费者买回家后，不需要经常洗涤或者特殊护理，来延长产品寿命等。生态时尚并不仅是一种生活方式，更是一系列由机构严格认证的生产标准和检验标准。自己修补破旧的衣物，结合面料创意设计技法，使之完成从低成本到高品质的时尚升级（图6-11）。

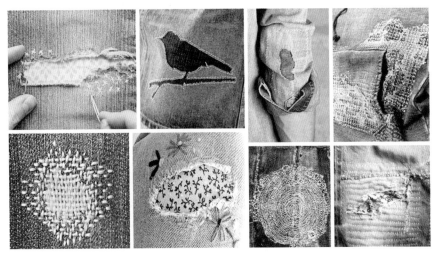

图6-11　延长牛仔裤寿命的创意

　　"创意补衣法"提倡在现有的衣服上再创造——将牛仔碎布、亮片、珠片和毛线作为颜料，在服装上"绘"出图案。例如，新加坡时尚品牌Mash-Up希望通过这样的理念，帮人们减少时尚垃圾（图6-12）。

图6-12　创意补旧得新Mash-Up品牌

本章小结

　　通过对面料创意设计的着装风格、消费趋势、生活方式、可持续时尚等角度的探讨，感知面料创意设计对服饰领域的影响和促进作用。掌握面料创意与着装风格、消费趋势之间的关系，探讨面料创意在可持续设计和生态时尚设计中的重要作用和表现方式。引导人们了解从着装选择中对面料创意设计的品鉴，尤其是在倡导节约型社会的今天，对重塑消费者的时尚观和消费方式、生活方式都有一定的启发和借鉴作用。

思考题

　　1. 理解面料创意设计对着装风格、消费趋势、生活方式、可持续时尚的影响。

　　2. 阐述面料创意在可持续设计和生态时尚设计中重要性，并举例说明。

　　3. 常见的服装风格有哪些？简述其面料选择种类及其表现特征。

　　4. 时尚可持续设计引领下的面料创意设计有哪些表现方式？请举例说明。

PART 7

第七章

面料创意
主题设计案例

课题名称：面料创意主题设计案例

课题内容：1. 系列创意女装设计方案

2. 非遗元素创意设计

3. 染色工艺应用

4. 镂空面料创意表达

5. 非服用材料时尚转化

课题时间：8课时

教学重点：针对不同专题性面料创意方案讲解，启发思维，面料创意到服装设计一体化拓展方法。

教学难点：了解不同主题、不同面料的创意设计方案及创作流程。

教学目标：1. 探讨多元文化融合下的面料创意设计方案。

2. 探讨传统手工技艺下的面料创意设计方案。

3. 探讨非服用材料在面料创意实践中的思路。

教学内容：从非遗面料创意设计、植物染服饰设计、贴布绣文创设计、非服用材料创意设计等角度，通过具体设计案例讲解面料创意设计路径和方法，对深入研究此领域具有指导意义。

第一节　系列创意女装设计方案

一、植绒创意女装《重塑》

　　作品《重塑》贯穿着中西文化的交融，在造型设计上采用西式的轮廓和中式的裁剪；在图案上，运用西式的几何线条和中式的水乡建筑图案的结合；创新运用了毛织品的植绒手法，凸显出服装的立体造型感，配以钉珠等定制工艺，塑造出中西文化融合的服装形象（图7-1~图7-10）。

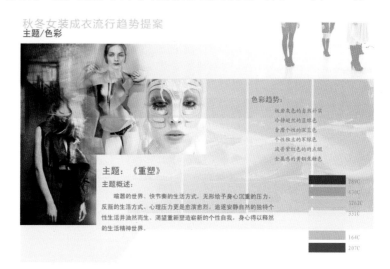

图7-1　《重塑》灵感提案板（作者：欧罗曼）

图7-2　效果图展示（作者：欧罗曼）

秋冬女装成衣流行趋势提案
款式图/面料小样

图7-3 款式图总览（作者：欧罗曼）

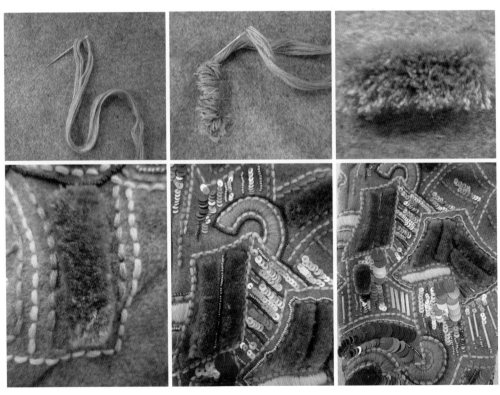

图7-4 植绒工艺流程

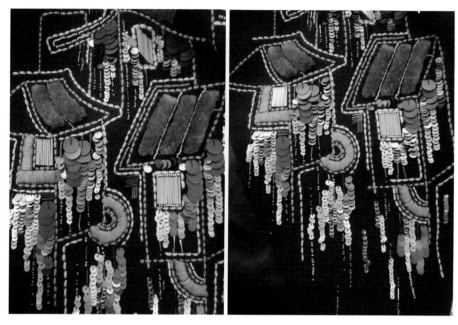

图7-5　植绒+钉珠+缉明线

图7-6　植绒手工艺半裙及整体造型

图7-7 植绒工艺双袖及整体造型

图7-8 植绒短外套及半裙罩纱

图7-9　植绒抽象印象之徽派建筑

图7-10　植绒图案为特色的服饰风格

二、楚文化概念女装设计《且听凤吟》

通过对荆楚刺绣文化特征的研究与可视化数字技术表达方案尝试，将荆楚刺绣中具有代表性的原始样本进行较为完整的采集、分析与提取，挖掘其艺术形态和文化内涵的形成因素与深层描述，透视荆楚刺绣背后的鲜明特色的地域文化"物化"现象与文化形态。本案例以楚文化中的凤纹样进行抽象化、意象化的形式美提炼和数字化再现，设计开发的数码印花面料用于时尚成衣的开发，以原创女装为载体进行创新性转化和创造性表达的设计方案，探讨荆楚刺绣及其发展价值与活化价值（图7-11~图7-20）。

图7-11 楚凤造型的意象表达

图7-12　金属辅料演绎楚凤纹饰

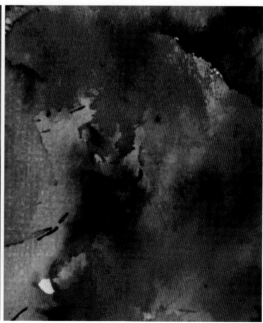

图7-13　楚凤元素数码印花创意面料及应用

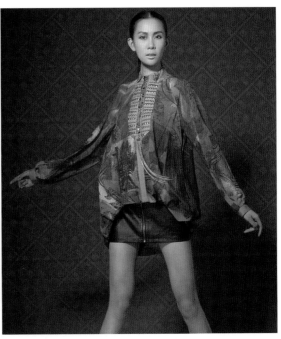

图7-14　人面兽纹数码印花面料及应用

图7-15　青铜器元素数码印花面料及应用

图7-16　八勾花元素数码面料及应用

图7-17　金属材质和玻璃管珠表现半立体凤图腾

图7-18　手工钉珠+数码印花

图7-19　亚克力钉珠工艺

图7-20　凤图腾琉璃项饰+金属钉珠腰封

三、焕新生活艺术《白衬衣的N表达》

1.《森生不息》

本作品秉承焕新可持续理念，将基础衬衫解构再造与植物拓染、喷绘相结合。灵感来源于枝叶茎干脉络的纹理以及耀眼春光若有似无的点状朦胧感。多种绿色加以蓝、黄等喷绘色彩渲染出春天般万物生长的错视感。形状各异的叶子和五彩花朵都意在呈现活泼盎然的春天气息。整体套装解构、拼合、圆形镂空、不对称裁剪等工艺与面料再设计手法相结合，后采用植物印染和喷绘的余布制作飘带和包，演绎着绿色轨迹蕴藏于深度、厚度、兼收并蓄，游刃于色彩与比例之间，挖掘出焕彩青春持续发展的时尚魅力（图7-21~图7-24）。

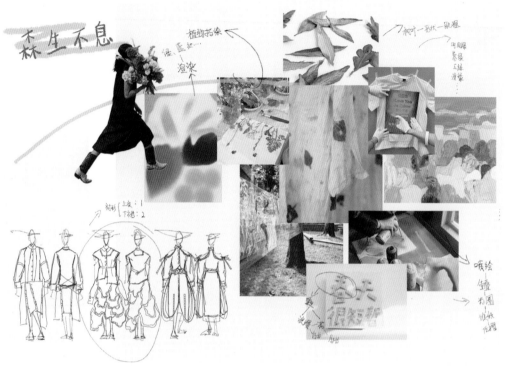

图7-21 《森生不息》主题灵感板（作者：王璇）

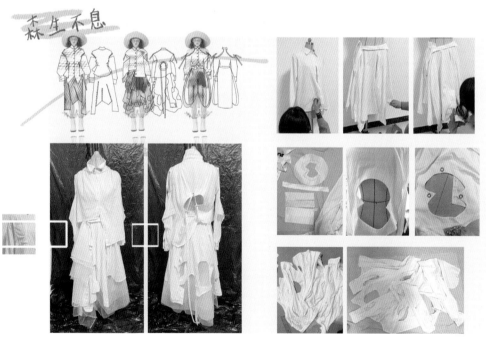

图7-22 效果图及白坯布制作过程（作者：王璇）

服装面料创意设计

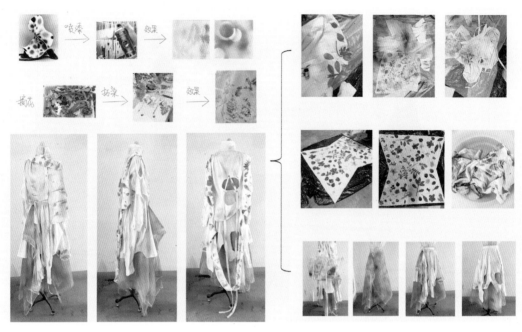

图7-23　喷色+植物拓印的制作过程（作者：王璇）

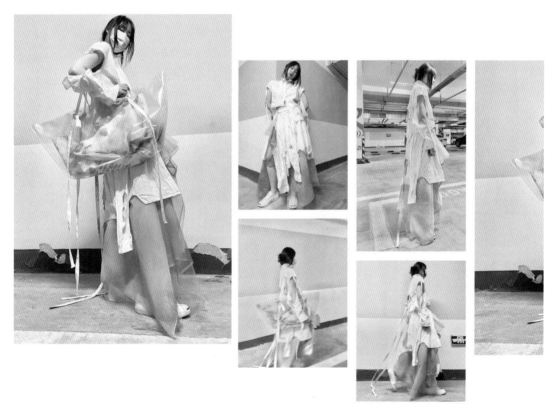

图7-24　配饰及成衣效果展示（作者：王璇）

2.《生命周期》

非织造布是国际公认的新一代环保材料，具有防潮、透气、柔韧、质轻、不助燃、易分解、无毒无刺激、色彩丰富、价格低廉、可循环再用等特点。非织造布本身的发展也朝着模仿传统面料风格和展现非织造布独特魅力两个方向延伸。非织造布是国际公认的新一代环保材料，具有防水、透气、轻盈、环保等优点。

此作品将非织造布与植物拓染相结合进行一衣多穿创意服装设计。结合钉珠、喷染、解构等工艺手法，将传统的男士衬衫改造为多种穿法的创意女装，新鲜植物花叶进行拓印染色处理，使之呈现自然肌理，焕发新的生命力，用创意思维使白衬衣时尚升华并拓展其生命周期。同时利用黑色非织造布口罩制作可拆卸腰封备物致用，引领可持续时尚，带来一抹乐趣（图7-25、图7-26）。

3.《春意》

春天万物复苏，是充满活力和希望的季节，树木郁郁葱葱，想将美好留在身边，利用扎染和拓印的方法，将充满生命力的树木作为设计重点，裙摆的绿色自由摇曳，棉麻的质朴纹理，人们与大自然彼此紧密相连，感受春天的浪漫，享受浪漫的春意生活（图7-27~图7-29）。

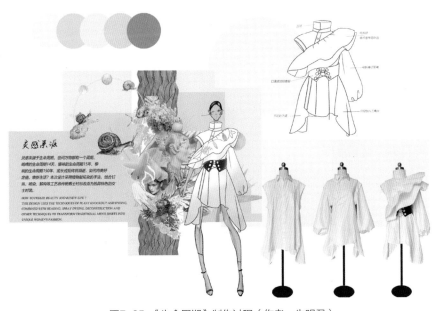

图7-25 《生命周期》制作过程（作者：朱明君）

服装面料创意设计

图7-26 植物染+钉珠的"一衣多穿"成衣效果（作者：朱明君）

成衣展示

图7-27 《春意》主题灵感板及效果图（作者：王雯茜）

衬衣改造前

设计草图

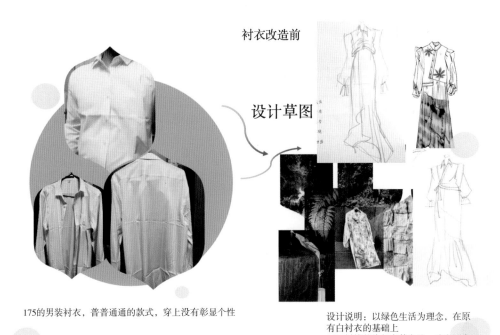

175的男装衬衣，普普通通的款式，穿上没有彰显个性

设计说明：以绿色生活为理念，在原
有白衬衣的基础上
运用拼接扎染拓印等方法，改变原有
颜色和结构
让普通的白衬衣焕然一新。

图7-28　制作过程及调整（作者：王雯茜）

制作过程·········

1.拆解衬衣，提取衬衣元素
改造元素，进行工艺上的缝
合，处理细节

2.完成廓型制作，处理细节

3.进行植物扎染和植物拓印

图7-29　吊染+拓印的成衣效果展示（作者：王雯茜）

123

4.《再生：REBIRTH》

此作品秉承可持续发展的理念，通过废衣再利用，再结合植物印染，最后加上情感化设计，避免了化学染料的严重污染问题。灵感源于图书馆门前的松树叶和一些植物，还有和朋友们一起做手工的欢乐时光，与同学们共同参与制作也能增加我们之间的感情，与解构设计手法相结合，为这件衣服赋予了不一样的情感。在板型设计上，首先在领口处进行解构拼接，前片进行拼接设计，然后在拼接处进行植物印染和喷绘，后片是以抽褶和不对称设计，最后整体效果为不对称连衣裙款式（图7-30~图7-32）。

白衬衣改造过程

图7-30 《再生：REBIRTH》制作过程（作者：雷涵）

图7-31 拓印及染色过程（作者：雷涵）

图7-32 白衬衣改造成衣展示（作者：雷涵）

四、创意礼服《素以为绚》

以最少的色彩，最简单的面料，通过面料的改造，产生视觉和触觉的丰富效果。拍摄时，采用柔和的散射光、高调处理，来突出作品丰富的层次、细腻的中间调和质感表现，共同阐释中国传统美学思想"素以为绚"的审美意向（图7-33、图7-34）。

图7-33　白坯布演绎《素以为绚》之一

图7-34　白坯布演绎《素以为绚》之二

第二节　非遗元素创意设计

一、香云纱文创设计

　　桂花自古有着吉祥的寓意，象征着收获与胜利，在古代曾被当作贡品献给皇帝，代表着大臣的忠贞，另有中榜者折桂，是仕途平顺的象征，有飞黄腾达的含义。本系列文创产品以《折桂令》为主题，产品设计以非物质文化遗产香云纱为原材料，其传达的"天人合一""简朴素雅"的思想，与中国传统文化传达出来的意境不谋而合。同时，该系列紧扣"折桂"二字，从第一幅中"折"桂枝到"衔"桂枝再到"赠"桂枝，三幅场景以系列的方式呈现，传达文字意境的同时，将传统语言文学意蕴与传统工艺结合，旨在对传统文化产物的传承与发扬（图7-35~图7-37）。

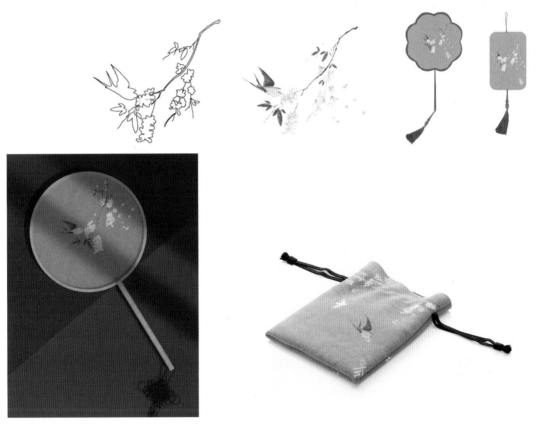

图7-35　《折桂令》香云纱文创设计之一（作者：刘怡姮）

服
装
面
料
创
意
设
计

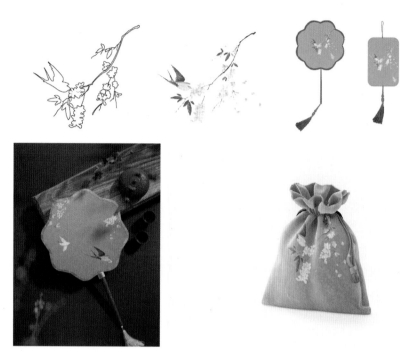

图7-36 《折桂令》香云纱文创设计之二（作者：刘怡姮）

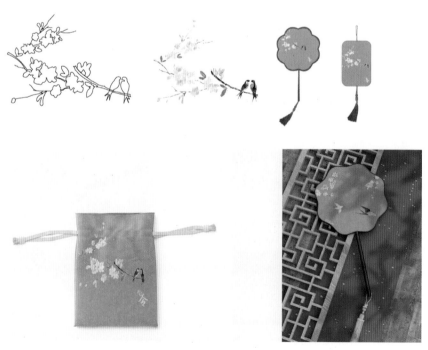

图7-37 《折桂令》香云纱文创设计之三（作者：刘怡姮）

二、黄梅挑花假领文创开发

荆楚刺绣艺术是千百年来，因地域、历史、人文、宗教、民系、民风、民俗等复杂背景形成的手工艺类非物质文化遗产，带有浓郁的楚文化色彩，堪称楚文化艺术中最为璀璨的瑰宝。通过对荆楚刺绣家族中黄梅挑花艺术元素的收集和整理，对其代表性纹饰和特征进行分析。通过服饰品的设计与制作，充分考虑假领这一时尚产品的定位、受众人群、喜好特点、生活习俗、使用场合等因素，体会从"作品"到"产品"的转换（图7-38）。

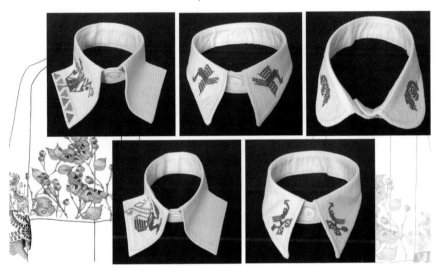

图7-38　黄梅挑花系列假领设计（作者：胡珺）

三、刺绣文创包袋设计

非遗刺绣元素融入女士包袋设计，以楚凤造型为中心纹饰，辅以回纹、蝙蝠纹为边饰，主体突出，色调明快。配以原木竹节手柄，华丽和古朴碰撞而统一，视觉对比强烈且和谐，也体现出创作者精神与价值理念的传承与创新——向上向善，接近生活本质（图7-39）。

四、贴布绣+汉绣服饰设计《秋词》

《秋词》灵感来源于"晴空一鹤排云上，便引诗情到碧霄"两句诗。将汉绣中的吉祥题材"鹤"的形象选用阳新布贴拼接制作，局部装饰使用盘

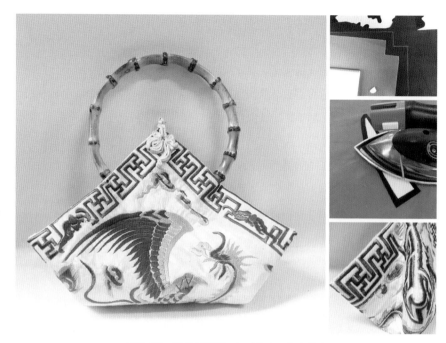

图7-39 凤纹刺绣手工包（作者：郑安然）

金绣、打籽绣、网格绣等传统汉绣手法，再与现代钉珠相结合，这让作品充满了中国元素和荆楚韵味（图7-40~图7-42）。

（a）色彩灵感板　　　　　　　　　　　　（b）廓型灵感板

（c）面料灵感板　　　　　　　　　　　　（d）配饰灵感板

图7-40 《秋词》灵感板（作者：钟晨旭）

（a）效果图

拓稿　　　　　　　制作布贴

定位布贴　　　　　刺绣

（b）纹样制作步骤

（c）成衣刺绣局部图

图7-41　融合汉绣针法和贴布绣的纹样制作（作者：钟晨旭）

（a）确定纹样位置

（b）成衣效果展示

图7-42　制作过程及成衣效果展示（作者：钟晨旭）

<h2>第三节　染色工艺应用</h2>

当下流行的染色工艺很多，常用的有喷染、绞染、扎染、段染、吊染、成衣染、蒸染等。在创意服装设计和制作中，吊染是经常用的一种染色技法，把服装固定在衣架上，然后部分浸入染液中染色，产生上下不同的颜色效果，可以使面料和服装成衣产生出由浅渐深或由深至浅的渐变、柔和、安详的视觉效果。染色工艺以往较多用于棉麻或文艺风格服装，近几年越来越多被时装品牌应用。

<h3>一、植物染家居服创意设计《如梦令》</h3>

此次设计实践以家居服创新设计项目为契机进行展开，设计主题为《如梦令》，源自宋代著名词人李清照的《如梦令·昨夜雨疏风骤》及宋代泼墨山水画，结合宋代服装造型将宋代追求闲适雅致又不失格物精神的美学思想，融入现代设计语境之中，天然、环保、健康的植物染色演绎了可持续发展设计理念，除了通过植物吊染和印染而来的面状图案，还以刺绣、镶边、来去缝外露等线的形式抽象表现宋代审美意蕴，写意风格的图案装饰了服装局部，营造浓郁的雅致氛围，人们与大自然和谐相处的生活态度（图7-43~图7-52）。

图7-43 《如梦令》提案封面（作者：赵静）

主题名称为"如梦令",以宋代词人李清照的《如梦令》及宋代山水人物画为灵感来源,本系列运用现代设计语言的同时融入宋代追求闲适洒脱又不失格物精神的美学思想,体现了当代社会青年在繁重生活压力下对于田园牧歌般生活的向往。

对应词句:"应是绿肥红瘦。",结合家居服及内衣流行趋势,选择中性色及红棕色为主色调,浅绿色为辅助色,廓型设计体现出极简主义风格。

图7-44 《如梦令》主题灵感板(作者:赵静)

妆容配饰

妆容上为迎合舒适自然的风格而选择清新的伪素颜.配饰如包袋和鞋品等造型简约,均选择量感款式,柔软舒适实用的同时具有造型感。

图7-45 妆容配饰提案板(作者:赵静)

服装面料创意设计

图7-46 效果图及款式图总览（作者：赵静）

面料工艺 具有肌理感的棉麻面料，既吸汗透气又具有东方特色。传统健康的植物染色迎合了可持续发展设计理念。

图7-47　面料及工艺提案板（作者：赵静）

款式设计 围裹式设计展现精致质感，超细吊带增添性感抽褶细节打造可调节的量感设计

图7-48　风格及款式提案板（作者：赵静）

服装面料创意设计

图7-49 效果图展示（作者：赵静）

图7-50 面料创意实验及制作过程（作者：赵静）

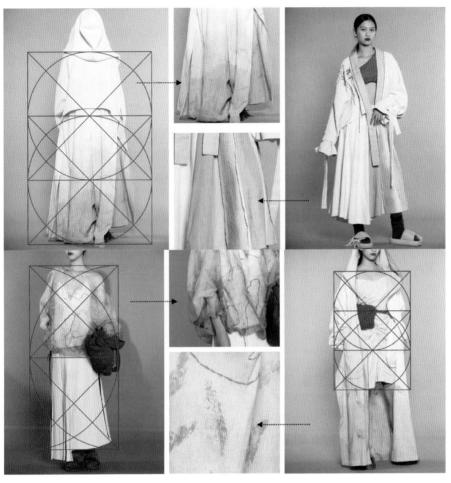

图7-51 设计几何学款式分析及效果展示（作者：赵静）

图7-52 最终成衣效果展示（作者：赵静）

二、扎染解构休闲上衣《极物》

作品《极物》是将老字号衬衣结合我国传统手工艺扎染，既展现了我国优秀的传统工艺、文化，也使老字号服装展现了它的设计价值。所采用的设计方法是可持续时尚设计中的可拆卸设计及多穿型设计，将扎染、绳、拉链等元素融合，通过在高腰处设计拉链开口，将衬衫分为二部式结构，既可当作露腰短款衬衫，也可作常规长款衬衫，使一件衬衫可以展现几种穿着方式与风格，服装的利用率得到了提高（图7-53、图7-54）。

图7-53 《极物》男士衬衣改造效果图（作者：余晓芸）

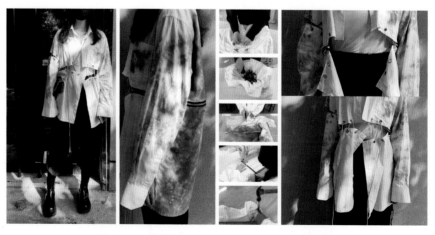

图7-54 面料创意设计及成衣展示（作者：余晓芸）

第四节　镂空面料创意表达

一、休闲创意女装《缺憾》

　　通过设计作品尝试将荆楚刺绣纹样创新设计后运用在服装之中，旨在探索荆楚刺绣纹样数字化运用的可能性方法。图案设计的重点在于将传统的荆楚刺绣纹样与现代元素融合运用，难点在于，既要保留荆楚刺绣的艺术特征，又要符合大众审美情趣，在设计之初构想了多种表现手法筛选了最适合的图案呈现方式。面料运用3D立体网格、弹力棉、复合面料等，在设计中将网格面料与弹力棉面料拼接使用，将弹力棉面料剪裁成条状，以机器车缝在网格面料上，两种面料组合达到类似条纹面料的视觉效果。网格面料硬挺，肌理丰富而弹力棉质感柔软，两者结合运用，拼接出的新条纹面料，兼具挺括的造型与舒适的质感，还有丰富的纹理（图7-55~图7-62）。

图7-55 《缺憾》主题灵感板（作者：盛晶晶）

图7-56　效果图展示之一（作者：盛晶晶）

图7-57　效果图展示之二（作者：盛晶晶）

图7-58 效果图展示之三（作者：盛晶晶）

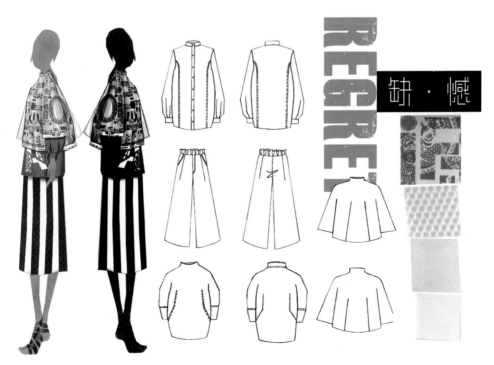

图7-59 效果图展示之四（作者：盛晶晶）

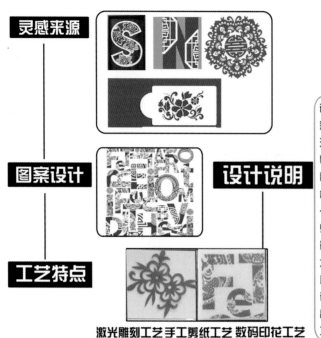

灵感来源

图案设计

设计说明

工艺特点

激光雕刻工艺 手工剪纸工艺 数码印花工艺

REGRET

创意设计说明

缺·憾

设计说明：苏轼有云："月有阴晴圆缺，人有悲欢离合，此事古难全。" 人之一生如蜉蝣于天地，懂得欣赏缺失美，才可因缺憾而对美好事物心生向往。剪纸是中国传统手工艺，寓意着对美好生活的向往之意，这与缺憾美不谋而合，而剪纸是从圆剪缺，这与缺憾美的特征也一致。所以此次主题以剪纸元素为主，采用镭射雕刻工艺与传统剪纸工艺相结合，并辅以数码印花工艺来展现剪纸的艺术特征。本次设计大量使用太空棉面料，网眼面料并与新科技面料TPU结合运用，复合材料也将被运用，此次设计的一大亮点，在于将传统手工艺技法与现代高科技技术的融合运用，重塑再造剪纸艺术，工艺可持续性发展的可能性。

图7-60　绣花版及激光雕刻版（作者：盛晶晶）

（a）花稿设计　　　　　　　　　　　　　（b）镂空工艺

图7-61　花稿设计及镂空工艺（作者：盛晶晶）

图7-62　成衣最终效果展示（作者：盛晶晶）

二、创意家居服设计《边界》

通过电脑雕刻工艺对太空棉复合面料进行千鸟格雕刻，呈现镂空肌理，与简洁廓型运动休闲感的服饰形制，构成繁简相融、紧弛有度的视觉效果。值得注意的是，运用电脑雕刻工艺时，一般的棉纺面料过于疏松和柔软，在雕刻过程中容易起毛变形，使边缘受损。因此，要选择质地密实的混纺面料，有条件的最好进行整体压衬处理，在此基础上再进行电脑雕刻或者手工雕刻等再造工艺（图7-63、图7-64）。

服装面料创意设计

图7-63 《边界》效果图（作者：缪诗）

图7-64 镂空工艺的成衣效果（作者：缪诗）

第五节　非服用材料时尚转化

　　随着人们思维的开阔与审美观念的提升，传统纺织材料的服装艺术作品，逐渐难以表达设计者的创造性思维与超前性的设计理念。所以，材料的变革为服装设计提供了新的路径，非服用材料在服装造型艺术中的设计运用顺应时代而生。设计师在设计的过程中，应当增加对新材料及特殊材料的敏感度，以一种好奇的游戏心态看待纺织品的设计。这样有利于拓展思考的空间，在设计中游刃有余。在服装设计中发现新材料、应用新材料，能够带来全新的视觉感受。

一、艺术时装设计《这不是偶然的（It is not by chance）》

　　此系列设计灵感来源于佛教经典中的观点，任何事情都不是偶然发生的，必有其原因。一切事物都是相互联系的，它们不能单独存在，可以相互转化为彼此。以非服用材料作为面料改造的载体，使其更具质感，形成相互交织和相互生成的效果。在色彩、结构和材质之间形成较为强烈的视觉、触觉的对比效果，又兼容并蓄，融为一体。通过这种方式来表达服装各元素之间的关系，同时也表达对生命的弹力这一主题的理解（图7-65~图7-69）。

图7-65 《这不是偶然的（It is not by chance）》款式之一（作者：黄伟琳）

图7-66 《这不是偶然的（It is not by chance）》款式之二（作者：黄伟琳）

图7-67 PVC+戳戳乐工艺+植绒（作者：黄伟琳）

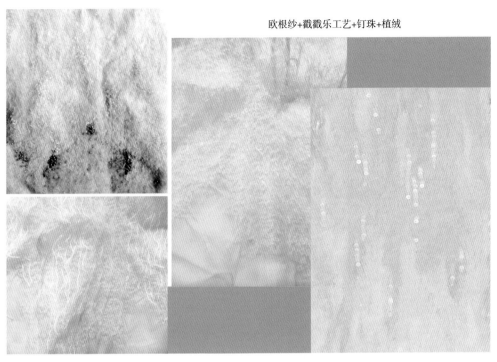

欧根纱+戳戳乐工艺+钉珠+植绒

图7-68 欧根纱+戳戳乐工艺+钉珠+植绒（作者：黄伟琳）

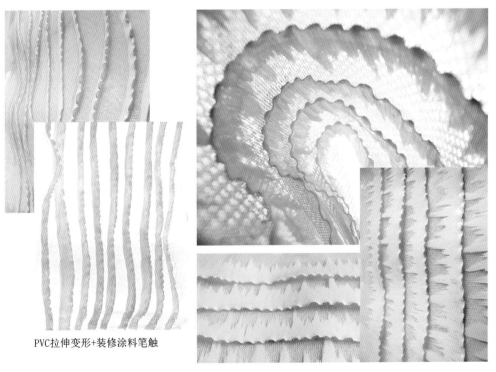

PVC拉伸变形+装修涂料笔触

图7-69 PVC拉伸变形+装修涂料笔触（作者：黄伟琳）

二、"皮雕+皮染"创意时装画

此作品是通过皮雕和皮染工艺，重点是皮雕染色手法中的多个技巧应用于创意时装画创作中来。在皮革上描绘出凹凸立体感的花纹或图案，再经过皮革酒精染料、盐基染料结合在一起的染色，防染和油染等相结合的固色润饰等工序所呈现丰富的视觉效果，结合人物面部、肢体语言和服装款式所共同营造的复古优雅兼特立独行的服装整体风貌（图7-70~图7-73）。

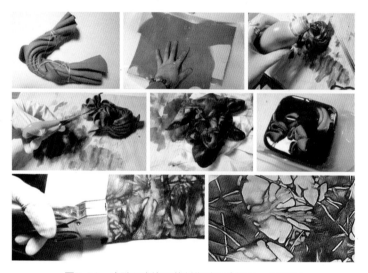

图7-70　皮雕和皮染工艺制作过程（作者：余沛思）

图7-71　皮染局部及服饰效果表现（作者：余沛思）

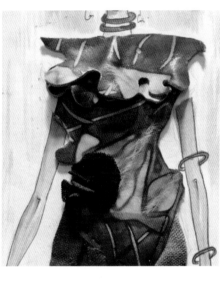

图7-72 皮雕和皮染局部及服饰效果图表现（作者：余沛思）

图7-73 多材质拼接+手针装饰及服饰效果图表现（作者：余沛思）

随着人们思维的开阔与审美观念的提升，传统纺织材料的服装艺术作品逐渐难以表达设计者的创造性思维与超前性的设计理念。面料创意是设计师思想的延伸，具有无可比拟的创新性。面料形态设计不仅是材料风格的再现，还是服装设计师观念的传达、个性风格的表现。对面料的创意设计可以从科技、文化、非遗、流行、艺术等角度，多维阐述、层层递进展开系统性学习。从服装材料的基础性能、面料再造的技法及与服饰风格的一体化构思的角度进行创作实践。以当下可持续设计趋势和创意服装设计需求为核心，围绕"艺术性、科技性、实用性、趣味性、生态性"等关键词，以面料创意设计为途径展开服装与纺织品设计的挖掘和实践。

本章小结

通过对不同主题、不同面料的创意设计方案及创作流程的了解，从"非遗"工艺、植物染、非服用材料融入服装创意设计等角度的介绍，探讨多元文化融合下的面料创意设计方法，传统手工技艺在面料创意设计中的活化路径以及非服用材料在面料创意实践中的思路和设计方案，对从业者和爱好者都有一定的启发和引导作用。

思考题

1. 什么是植绒手工艺？常用的材料和工具有哪些？简述并操作植绒的步骤。

2. 什么是植物染？常用的植物染有哪些方式？请举例说明主要步骤和流程。

3. 请讨论：在纺织服装类非遗手工艺中，你了解的有哪些？

4. 其他艺术中哪些工艺可以跨界融合到服装面料创意设计中？请举例说明。

后 记
POSTSCRIPT

《服装面料创意设计》是服装与服饰设计专业的核心专业课。本教材从科技、文化、"非遗"、流行及艺术的角度，多维阐述、层层递进，对面料创意设计的多样性表达与实践进行研究，阐述服装面辅料的天然特点及其延伸价值，分析阐述面料和服装开发之间的关联性以及创新设计的重要意义和价值。

《服装面料创意设计》旨在通过深入浅出的知识点、生动典型的案例，提升人们服饰文化素养和审美能力。本书内容与时俱进，体现其正确的政治导向和科学性；该教材内容秉承"新文科"理念，"艺科融合"思路，由基础到拔高，由理论到实践，由技法到设计，由文化到传承，学习深度更具可持续性，满足本科教育的创新性和挑战度，对目前市面上相关教材而言，具有先进性和适用性。

此书撰写过程中得到中国纺织出版社有限公司服装图书分社宗静编辑的悉心指导和帮助，感谢我身边领导和同事的关心和支持，更得到我家人朋友的鼓励和陪伴，仅在此表示由衷的感谢！

书中配图大多是本人所做项目及指导的优秀学生习作，团队研究生雷涵、蒋有月、王璇、朱明君参与了部分插图的设计和绘制，在专业实践中，共同进步，共同成长，此书凝聚了大家的汗水与心血，在此一并表示感谢！

钟 蔚

2023年5月5日于武汉纺织大学